3D 列印導論

Understanding Additive Manufacturing：
Rapid Prototyping, Rapid Tooling, Rapid Manufacturing

Andreas Gebhardt　原著

賴維祥　編譯

HANSER

全華圖書股份有限公司

國家圖書館出版品預行編目資料

3D 列印導論 / Andreas Gebhardt 原著；賴維祥編
　　譯. -- 初版. -- 新北市：全華圖書, 2016.10
　　　面；　公分
　　譯自：Understanding additive manufacturing : rapid
prototyping, rapid tooling, rapid manufacturing
　　ISBN 978-986-463-400-2(平裝)
　　1.印刷術
477.7   105019539

3D 列印導論

Understanding Additive Manufacturing：Rapid Prototyping, Rapid Tooling, Rapid Manufacturing

原著 / Andreas Gebhardt

編譯 / 賴維祥

發行人 / 陳本源

執行編輯 / 蘇千寶

出版者 / 全華圖書股份有限公司

郵政帳號 / 0100836-1 號

印刷者 / 宏懋打字印刷股份有限公司

圖書編號 / 06315

初版一刷 / 2017 年 9 月

定價 / 新台幣 350 元

ISBN / 978-986-463-400-2 (平裝)

全華圖書 / www.chwa.com.tw

全華網路書店 Open Tech / www.opentech.com.tw

若您對書籍內容、排版印刷有任何問題，歡迎來信指導 book@chwa.com.tw

臺北總公司(北區營業處)
地址：23671 新北市土城區忠義路 21 號
電話：(02) 2262-5666
傳真：(02) 6637-3695、6637-3696

中區營業處
地址：40256 臺中市南區樹義一巷 26 號
電話：(04) 2261-8485
傳真：(04) 3600-9806

南區營業處
地址：80769 高雄市三民區應安街 12 號
電話：(07) 381-1377
傳真：(07) 862-5562

版權所有・翻印必究

作者致謝

積層製造技術的跨領域特性及驚人的發展速度，若僅單一位作者幾乎不可能將其完整、準確地分章呈現。因此，我非常感謝投身於此領域的朋友、同事及企業的協助。特別感謝我在德國 Erkelenz 的 Center of Prototyping 公司同事，他們持續幫忙與工廠接洽，而工廠是本書實用導向的基礎。另外向 Besima Sümer、Christoph Schwarz 和 Michael Wolf 傳達我個人的感謝。

本書背後素材的準備工作，由 EU TEMPUS 的專案 "Development of Master's Studies in Industrial Design and Marketing", JEP-41128-2006(MK) 聯合支援。感謝我的同事 Tatjana Kandikjan 和 Sofija Sidorenko、聖基里爾麥托迪大學 (Ss. Cyril and Methodius University) 機械工程學院。

謝謝我的主編 Christine Strohm 博士，幫助我以結構化的格式呈現想法，並精進了我的英文能力。

譯者序

　　接觸 3D 列印最早是我拿到博士後在美國加州大學訪問研究 (1996 ～ 1997) 期間，看到了某美國機械工程雜誌封面標示「快速原型時代即將到來」，開啓了我對一個新技術的好奇。返國後即因教育部航太教育改進計畫之資助，開始引進 3D 印表機，並在 2000 年開啓了相關研究。一路走來，發現這個領域的好玩及其深度與廣度不容小覷，內心一直認爲這是一個可以改變未來的製造方法，並有不少相關專利的發表，但台灣的產業一直對此技術只是使用外來機器，自行研發興趣不高。至 2008 年世界因經濟大海嘯影響，全世界的不景氣及低潮，同時歐美各國反思製造業的定位及重返美國的新思維，及早期 3D 列印專利到期等各種因素推波助瀾下，反而在 2010 年代初開始，以矽谷領導創新創業在內的 Maker 崛起，更在美國 Chris Anderson 在 wire 雜誌倡導 3D 列印爲第三次工業革命，他自己也投入 3D Robotics 的新創產業，更激起以美國爲主的許多產業改革。美國對歐洲金屬列印的超前，亦開始併購若干小公司，至今年，GE 等大型航太公司，對 3D 列印的投入更是可觀，AM 也漸漸成爲一個普世的顯學，並開始在教育體系納入各級教學內容。故對 3D 列印技術的投入，尤其金屬 AM 的製程，本書作者 Andreas Gebhardt 更是其中領導人物，有幸在 2015 年共同受邀至印度擔任大會演講之機緣，得以將本書引進台灣發行，更有幸承蒙他的同意，翻譯本書，更祈台灣各界賢達不吝指正。

編輯部序

　　「系統編輯」是我們的編輯方針，我們所提供給您的，絕不只是一本書，而是關於這門學問的所有知識，它們由淺入深，循序漸進。

　　德國堪稱機械領域的翹楚，本書作者 Andreas Gebhardt 為德國知名學者，書中以實務應用的觀點來切入 3D 列印技術，是為 3D 列印的最佳入門書籍，相較於一般市面上 3D 列印書籍，本書沒有艱深的理論推導，對許多類似、易混淆的專業術語，本書以製造應用的角度切入，並予以釐清，對剛接觸 3D 列印領域的讀者，是一本入門必備的書籍。

　　若您在這方面有任何問題，歡迎來函聯繫，我們將竭誠為您服務。

目錄

1 基礎概念、定義與應用層級

　　第一章將提供綜合論述中所謂的『積層製造 (Additive Manufacturing, AM)』，以及層狀堆疊技術 (Layer-based Technology) 原理，包括其主要定義。綜觀整本書，我們將以使用者的觀點闡述此項主題，特別是積層製造在工業上的應用，並將在第二章討論製程細節。

　　本書綜整最後的積層製造應用圖表以更廣泛的闡述其技術層級與應用層級之定義，所有相關製造方法之定義亦都一步步說明及連接於此積層製造應用圖表 (AM application sheet)，並以各種典型的例子說明不同應用程序的定義與彼此之相關性，如下圖表所示。

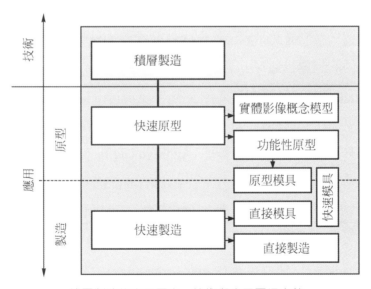

積層製造的應用圖表：技術與應用層級定義

■ 1.1　基礎概念與定義

1.1.1　積層製造 - 層狀製造

　　『積層製造 (Additive Manufacturing, AM)』是一種以層狀材料自動堆疊的製程，以直接來自於三維電腦輔助設計 (3D-CAD) 模型的數據來製作比例縮放的三維實體工件而不藉助於其依賴模具製造之方法。原本舊稱快速原型 (Rapid Prototyping, RP)，或稱三維列印 (3D Printing, 3DP)，現在也常常會聽到此種名稱。

　　『積層製造』、『減法製造 (Substrative Manufacturing, SM)』(例如：銑削、車削) 與『成型製造 (Formative Manufacturing)』(例如：鑄造、鍛造) 並列為製造科技三大支柱 [Bur 93]。

　　在 1987 年，『積層製造』技術第一次進入市場，當時被稱作『快速原型 (Rapid Prototyping)』或『生成製造 (Generative Manufacturing)』，這兩個名詞至今仍然繼續被使用，並在近年來新增許多不同的名字與稱呼，雖然由各創造者的特定觀點來看，這些名稱可完美的詮釋，但是如此多的名稱卻容易造成混淆，這就是為什麼剛進入積層製造產業領域的新鮮人常感到無所適從。

　　為了簡要概述，我們從此系列中挑出一些最常用的詞彙並予以結構化的關鍵字族群，這些經常使用的詞彙包括：

- 增加的 (additive)　積層製造或加法製造 (Additive Manufacturing, AM)
  疊層製造 (Additive Layer Manufacturing, ALM)
  加法數位製造 (Additive Digital Manufacturing, ADM)
- 層狀的 (layer)　層基製造 (Layer Based Manufacturing)
  層狀導向製造 (Layer Oriented Manufacturing)
  層狀製造 (Layer Manufacturing)
- 快速的 (rapid)　快速技術 (Rapid Technology)、快速原型 (Rapid Prototyping)、快速模具 (Rapid Tooling)、快速製造 (Rapid Manufacturing)
- 數位的 (digital)　數位製造 (Digital Fabrication)
  數位模型 (Digital Mock-Up)

- 直接的 (direct) 　　直接製造 (Direct Manufacturing)、直接模具 (Direct Tooling)
- 三維的 (3D) 　　三維列印 (3D Printing)、三維模型 (3D Modeling)

任何所有可想像的 (甚至不可想像的) 這些關鍵字的組合也都可以被找到。

注意：有些專有名詞是有受版權保護的。

有些專有名詞使用則是根據創新的製造技術創造而來，包含：

- 桌上製造 (Desktop Manufacturing)

- 依需求製造 (On-Demand Manufacturing)

- 自由成型製造 (Freeform Manufacturing)

由於『積層製造 (AM)』是一項比較新的技術，在 1990 年代初期的德國經過許多年都未致力於相關的標準化 (standardization)。直到 2007 年，在德國機械工程師學會 (VDI) 的監督下，產生了一個致力於快速原型的特別推薦草案 (VDI3404)，並且在 2008 年秋季公告。在 2009 年，美國機械工程師學會 (ASME) 與美國材料與試驗學會 (ASTM) 合作，開始了自己的標準化過程，並且在 2009 年秋天，積層製造委員會 F42 (專業術語小組委員會 F42.91) 擬定了標準編號 F2792-09e1/F2792/，也被稱為『積層製造技術之標準術語』。在各種不同定義之中，『積層製造』之稱謂即源自 ASTM 標準委員會之命名。

然而要推廣新的專有名詞使其廣為接受是需要時間的，至今仍然有許多的名詞會因品牌新增或因公司推廣仍然各自使用不同的專有名詞，甚至相互競爭。

1.1.2　層基技術 (Layer-Based Technology) 的原理

『積層製造』一詞，如同『生成製造 (Generative Manufacturing)』，涵蓋了所有可想像得到，以增加材料方式來製造三維實體工件的方法。積層製造技術的實現是建立在以層狀堆積的方式來進行製造，這就是為什麼又被稱作是層基技術 (Layer-Based Technology)、層狀導向技術 (Layer-Oriented Technology 或甚至層化製造技術 (Layered Technology) 的原因。

因此，今天這些專有名詞，不論是積層製造、生成製造或層化製造技術，都是屬於同意詞。在未來，當發展出來更多新的積層製造技術，它們必須可被分類於目前所定義的積層製造技術結構。舉例說明，早在 1990 年提出有一種稱作「彈道粒子製造 (Ballistic Particle Manufacturing, BPM)」技術，但是很快就消失了，這種技術是透過所有空間向量噴射離散體積 (又可稱體積像素，簡稱體素) 在新的物件表面上作為增加材料的方法，這是一種加法製造技術，但並非是層基製造技術。

層基製造技術的原理，是將許多幾乎一樣厚度的層狀材料堆疊，構築成三維實體物件即所謂的『工件 (Part)』，每一層形狀都是根據三維模型資料組成 (圖 1.1) 的輪廓來進行對應，再將新一層材料疊在前一層之上。由於均勻厚度疊層的結果，會造成工件顯示為階梯狀效果，如圖 1.1(b) 所示。

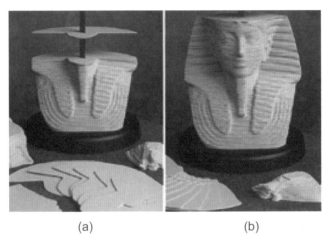

(a)　　　　　　　　　　　　　　(b)

圖 1.1　層化製造原理，每一層具輪廓的材料 (a)，交錯疊層 3D 物件 (b)
(資料來源：HASBRO/MB Puzzle)

積層製造 (Additive Manufacturing, AM)

積層製造 (AM) 是基於層基製造技術原理發展而來的一種自動化和演化的製程，它在製程鏈之特點如圖 1.2 製程所示。這項製程必須先有一個想製作的三維數位 (虛擬的)CAD 數據檔案 (Data set)。在工程應用上，這些模型檔案資料來自於 3D CAD 設計軟體、逆向掃描或其它影像成型技術，例如電腦斷層掃描 (CT-Scanning)。

如何獲得這些數據檔案是一個獨立的過程，一旦有了這個 3D 檔案，首先應用專門的電腦軟體將三維資料經過切層得到若干層截面，其結果將得到具均勻厚度與輪廓的虛擬切片，每一層資訊包含平面輪廓資料 (contour data)(x-y)、切層厚度 (layer thickness)(dz) 與切層數目 (layer number)(或 z 軸座標)，再將這些資料送入機器，並一層層計算與執行接下來的兩項基本製程，以建立實體物件。

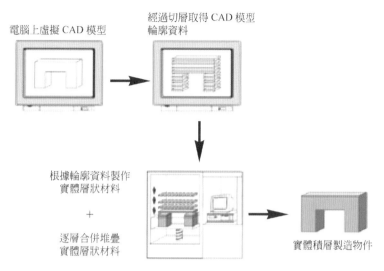

圖 1.2 積層製造流程鏈

首先,每一層材料都經由給定的輪廓與層厚數據進行處理,此步驟利用不同的物理現象與方法進行,最簡單的方式是直接在薄層板材或箔片上依照輪廓進行裁切;第二步驟,將每一層裁切好的材料與前一層結合,即可成型上層的部份工件,同樣的,最簡單的方式就是用處理過的輪廓薄層直接黏在前一層的頂部上。經過層層堆疊的方式,實體模型將從底層至頂層成長直到最後的物件完成。

這些基本步驟即所謂的積層製造流程鏈,現今有超過 100 種不同的積層製造機台 (machines) 都遵循相同的步驟,這些機台的差異只在於每一層材料形成實體模型的處理方式與相鄰兩層的黏結方法,因此,後續討論 (第二章) 的所有機台都具有一些相同的特點。

總而言之,積層製造製程是一種新製造製程,包含:

■ 模型建立在一個三維數據檔案或三維虛擬物件 (virtual object),即所謂的數位產品模型 (digital product model)。

■ 使用具有相同厚度的數位模型對應的切層輪廓截面,因此積層製造基本上是建立在 2.5D 的製程基礎上。

■ 此製程不受到產品設計流程所影響,因此可以在產品開發的任何階段進行。

■ 製程大部分使用專用的材料,因此在機台製程與建造材料之間具有強烈的相關性,這種設計方式會有效削弱市場上逐年增加的競爭機台與高度吸引第三方材料供應商進入市場。

■ 1.2　應用層級

　　大部分對積層製造技術有興趣的人，會比較想知道他們可以如何使用這項新技術與藉由此項新技術可以開發哪一種具創新或與眾不同的產品。除此之外，也會有利於他們在產品開發 (product development) 團隊中可以使用正確的積層製造相關術語來進行討論。

　　許多人認為每個不同的積層製造技術製程各自專職於特定的應用，也就是說，一種特定的積層製造製程只適用於較小範圍的特定應用，而另一種製程也僅適用於另一種應用，這種認知促使人們先學習各種不同製程以選出後續應用的最佳製程方法。

　　在實際執行上，判別最佳可應用的積層製造製程可從其個別的應用開始。接下來可以依一些特殊需求，例如尺寸、表面粗糙度、機械強度、溫度等，來引導選用一個適用的材料，並最終選擇能夠處理這些所有要求的機器。在一般情況下，不同的積層製造製程也可交互使用以解決相同的問題。

　　因此，在探討積層製造不同製程之前，必須先對此寬廣的應用領域進行結構性討論，並且針對各不同應用層級加以定義以方便討論。

　　要定義這個結構，首先要區分『技術 (Technology)』與『應用 (Application)』。『技術』定義為技術過程的科學並且描述了科學的途徑，『應用』則是指如何從使用技術中得到益處，也被稱為實際的作法 (practical approach)。

　　為了獲得更好的綜合概念，以所謂的『應用層級』來定義不同的應用類別，這種定義是廣被接受的，但是尚未進行標準化。儘管目前已經在努力的進行標準化，但仍然有不同的專有名詞被使用。如圖 1.3 所示，積層製造技術的特點是由『快速原型』與『快速製造』這兩個主要的應用層級所構成。

　　快速原型指的是可作成原型、樣品、模型或實物模型 (Mock-up) 的所有應用，而快速製造是可用於製作最終工件或產品[1]。

---

[1]　如果工件僅顯示最後系列工件之一個或一些獨立的屬性或功能稱為原型 (prototype) 或模型 (model)；但如果可以顯示最後系列工件全部功能則可以稱為 (最終) 工件 (final parts) 或產品 (product)。

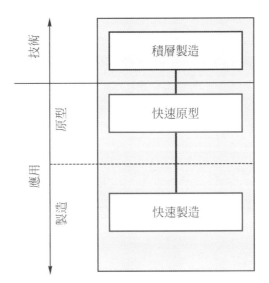

圖 1.3 AM：技術層級與兩個應用層級 - 快速原型、快速製造示意圖

1.2.1 直接製程技術 (Direct Processes)

所有積層製造製程都被稱作『直接製程』，以彰顯實體物件是由數位模型轉換而來，並稱這部分為生成機械。相反的，有一些製程被稱作『間接製程 (indirect processes)』或『間接快速原型製程』，它們並不適用於層基製造的原則，因此並不屬於積層製造。實際上，間接製造技術是複製基於矽膠等鑄造技術而來，像是 RTV(詳見 1.3.1 節和 2.2 節)，因為本章節是以積層製造為主進行定義，聽起來更具有創新性的『間接快速原型製程』，此名詞將在 1.3 節加以介紹。

1.2.1.1 快速原型 (Rapid Prototyping)

關於『快速原型』的應用層級可以區分為兩個不同的次層級：「實體影像 (Solid Imaging) 或概念模型 (Concept Modeling)」與另一個「功能性原型 (Functional Prototyping)」(圖 1.4 和圖 1.7)。實體影像或概念模型定義為相同族系可進行基礎驗證的模型，這些物件類似於三維圖像或雕像，在大多數情況下，它們僅僅是被用來得到大概外觀和比例之空間印象，因此，這些物件又被稱為「展示概念模型 (Show-and-tell Models)」。

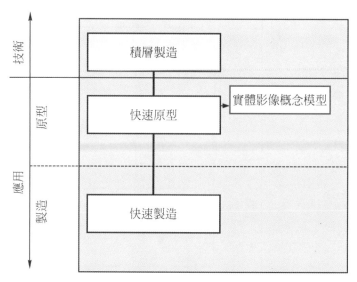

圖 1.4   AM：快速原型應用 - 子階層：實體影像與概念模型

　　縮尺概念模型 (Scaled concept models) 常被用於驗證複雜的 CAD 圖。在這裡，這種模型又稱作『數控模型 (data control models)』(圖 1.5)，數據管制並不僅僅意味著驗證 CAD 數據，也常用於跨領域的討論，例如：包裝問題。以圖 1.5 所示敞篷車車頂組件模型為例，這種模型有助於從事專門對軟頂、電動機構與運動學等各項創意之間取得平衡。

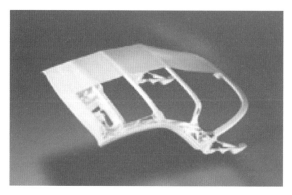

圖 1.5   實體影像或概念模型；縮尺的敞篷車車頂結構；
雷射燒結，聚醯胺 [2](資料來源：CP GmbH)

---

[2]   這個部分和另一個章節只用例子來說明 AM 的應用層級。所使用的材料和流程提供完整的資訊。詳細說明請見第二章，更多的應用請見第三章。

　　利用粉末式彩色三維列印成型機製作的彩色模型 (參見 2.1.4 節) 是展示概念評鑑的重要工具,著色有助於顯示產品的問題區域和組織討論,如圖 1.6 顯示燃燒引擎單元剖面成像圖。在實際上,此物件並沒有顏色,模型上的不同顏色可以呈現不同的議題以便於探討。

圖 1.6　實體影像或概念模型引擎燃燒室剖面圖:
三維列印 (資料來源:Z-Corporation)

　　圖 1.7 為一功能性原型,即使此模型並不能實際拿來應用,仍可被用來確定或驗證產品各部件的獨立功能性或決定產品的設計。

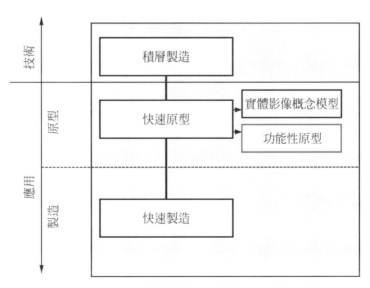

圖 1.7　AM:快速原型應用:子階層 - 功能性原型

如圖 1.8 所示，這是轎車空調的可調式出風口格柵原型，可以在產品開發初期用來驗證空氣的分佈狀況，此功能性原件是使用雷射光固化成型法製作而成，這項製程可模仿成品質量製作出光滑的表面；然而，因其機械強度、熱力特性、顏色與製作成本，尤其後面三項，致使此製程不可能作為量產的方法。在未固化的鉸鏈中留下一層連接層以製作可移動的物件 (詳見 5.2.4 節)，在最後的步驟，需將完成的模型尤其是表面上的未固化的材料清理乾淨，接著此模型即可準備進行測試。

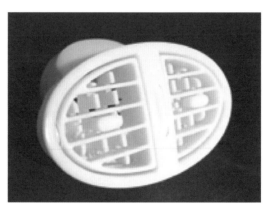

圖 1.8   功能性原型：轎車的可調式出風口格柵 (資料來源：3D Systems)

圖 1.9   重新設計的手機機殼：擠壓熔融沉積成型製程
(資料來源：RP Lab, Aachen University of Applied Sciences)

圖 1.9 是一個為貧困社區建立本地通信網路的手機外殼，此移動設備是一個重新設計的低成本對講機。在使用這個手機的時候，麥克風以及發聲器必須重新設計排列，使其可同時進行聆聽與通話，還需要符合人體工學設計。透過熔融沉積成型製程

(詳見 2.3.1 節) 以 ABS 塑膠材料製作兩塊測試件，其中一件是用來裝電子原件，另一件是覆蓋用的外殼，此兩個原件必須要可以完美的契合以進行評估。此原型證實可用來驗證完美的組合特性與測試持在手中的情況，但是因為表面上可清楚看到擠製結構痕跡與昂貴的量產成本，此原型物件無法直接當作產品販售。

1.2.1.2 快速製造 (Rapid Manufacturing)

在『快速製造 (Rapid Manufacturing)』這個應用層級上歸納出所有製程不論製作出的是最終工件還是最終產品，都必須經過組裝、處理以變成商品。如果積層製造作出的物件具有在產品開發過程中賦予它的特徵與功能，則可稱作產品或最終工件。如果製作出的工件即是所需的公模型則稱作『直接製造 (Direct Manufacturing)』；相反的，如果製作出的工件是當作母模型使用，也就是製作模子或模具，則稱作『直接模具 (Direct Tooling)』。

直接製造作出的最終工件，其來源是直接來自於積層製造機器 (圖 1.10)。今日，所有各式各樣的材料種類 (塑膠、金屬和陶瓷 (ceramics)) 都可直接使用積層製造製程 (詳見 5.1.2 節) 來進行製作。在這種情況下，可用的材料是否與傳統製造工藝中材料的物理特性完全相同並不重要，但是必須確保工程設計的特性可藉由選擇的材料與積層製造製程來實現。

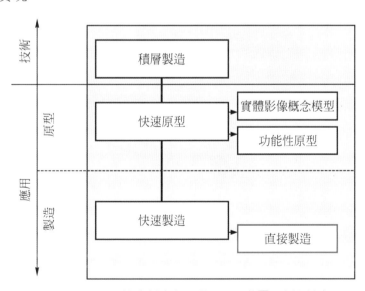

圖 1.10 AM：快速製造應用層級；子階層 - 直接製造

　　圖 1.11 中是使用選擇性雷射熔融製程製作的鈷鉻合金三單元牙橋，這些資料是從病患的齒模壓印數位化而來，透過使用專業的齒科用處理軟體 (3shape) 設計牙橋並且利用金屬選擇性雷射熔融 (SLM) 進行製作，在完成幾何測試後，即可準備將此牙橋裝入病患口中，與傳統製程相較，使用直接製造技術的牙橋製作速度更快，可完美契合且在成本估價上也比傳統製程更有競爭力。

(a)　　　　　　　　　　　　　(b)

圖 1.11　直接製造：三單元牙橋 (a)，橫截面 (含支撐)(b)；選擇性雷射熔融製程；
　　　　　鈷鉻合金 (資料來源：RP Lab, Aachen University of Applied Sciences)

　　這個被重新設計的飛機引擎外罩的鉸鏈 (圖 1.12 上)，以直接製造製程製作，並且進行測試，它採取的仿生式設計使重量減少 50%，而且現在它不再通過研磨製造，在圖 1.12 下顯示的即為透過積層製造的金屬選擇性雷射熔融 (SLM) 製程進行製作的物件，它也通過了常規性測試並完美的運作。

圖 1.12　直接製造。飛機引擎外罩鉸鏈 (下) 與此對比的傳統製造 (上)；
　　　　　選擇性雷射熔融 (資料來源：EADS)

1.2.1.3 快速模具 (Rapid Tooling)

快速模具 (Rapid Tooling) 可製作出最終工件，它涉及所有積層製造製程，用於模具與模具程序的核心 (Cores)、模穴或工具、模子或模具的插入件，以下兩種不同的副層級必須加以區分：直接模具和原型模具 (prototype tooling)。

直接模具在技術上相當於直接製造，但會導致刀具刀片和模具 (圖 1.13) 的串聯性質，雖然模具只是基於產品資料模組的轉換 (公模到母模)，但之所以區分成兩種副應用層級是有理由的。

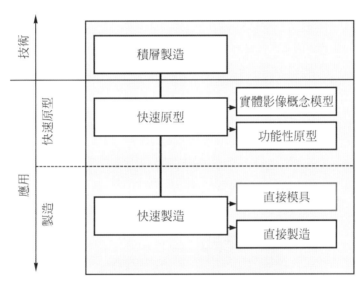

圖 1.13　AM：快速製造應用；子階層：直接模具

此外，為了處理資料的轉換，模具結構需要被處理，包含補償收縮、分模線的設計、拔模角度、澆鑄口與滑塊等，利用模具生產需要經過設計過的金屬程序處理與機器進行運作，我們必須要了解，所謂「直接模具」並不是指模具製造都是用生成製造技術製作的，模具組件包含空腔或滑塊才是利用生成製造製作出來的，整個模具製作生產程序即藉由空腔和標準組件穿插傳統模具製作程序製作而成。

以層為基礎的積層製造技術製作中空結構物件，舉一個例子，模具插入件中可建造貼伏模具內部表面的冷卻水路 (圖 1.14(a))，因為冷卻水路沿著模具的輪廓成型，這種方法被稱作隨型冷卻 (Conformal cooling)[或又稱異型水路]，由於散熱效率的提高，塑膠射出成型模具的產量會有顯著的增加，此外，冷卻與加熱通道可由一個整合的熱管理系統來設計以提高製程效率。

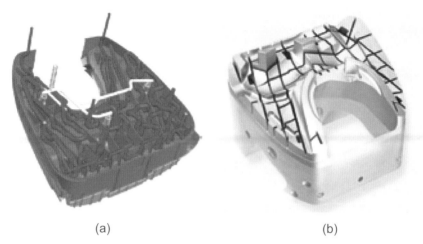

(a)　　　　　　　　　　　　　　　(b)

圖 1.14　直接模具。模具中有隨型水路 (藍) 和氣動噴嘴 (白)；
雷射燒結 / 雷射熔融 (雷射固化)；(資料來源：Concept Laser)

　　生產一個製造高爾夫球用的鋼製吹塑模具需要非常高的精度，積層製造藉由直接金屬雷射燒結製程製作淨成型模具，這不是最終的工件，但是是顯示如何由積層製造和高速研磨、沉模放電加工 (Die Sinking EDM) 與線切割放電加工 (Wire EDM) 等二次高精度加工提供一個有效製程很好的例子。

圖 1.15　高爾夫球鋼模。直接金屬雷射燒結 (資料來源：EOS/Agie Chamilles)

　　原型模具：對於小型量產來說一個高品質的模具往往耗費太多的時間與金錢，如果只需要少量的零件或頻繁的替換顏色，只需要以替代材料製作暫態模具使用就足夠了，這種模具作為功能性原型具有一定的質量，至少可以直接進行加工應用，其相對應的應用層級是一種介於快速原型與快速製造的中等水平，這種子應用層級被稱作「原型模具」(圖 1.16)，有些人稱之為「中介模 (Bridge Tooling)」，雖然這個名字也被用於二次快速原型製程。

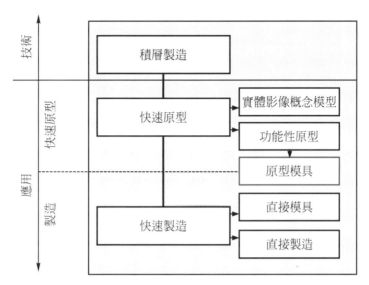

圖 1.16 AM：介於快速原型與快速製造的應用層級：原型模具

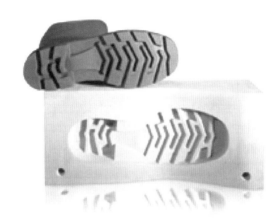

圖 1.17 快速模具：鞋底橡膠護套模具：雷射燒結，聚醯胺 (PA)
(資料來源：EOS GmbH)

　　圖 1.17 是由聚醯胺製作的原型模具範例，這模具是用來製造橡膠靴鞋底的小系列新設計，為了合成靴筒而不透過金屬模具製作整個靴子，估計用不同結構與材質製造鞋底會非常快速，且低預算。原型模具也可用在塑膠射出成型機上，如圖 1.18 所示，它是透過一種特殊的立體製作過程製作出來的，這種製程稱作「AIM」(ACES 射出成型模具，是 3D System 公司的一項專利，/Geb07/)，兩個模具都是積層製造光固化成型法製作而成，最好使用薄壁輪廓和熱傳導材料來配合，例如鋁 (aluminum) 填充的環氧樹酯，AIM 適用於簡單形狀的小體積射出成型模具製作。

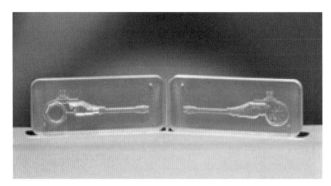

圖 1.18   原型模具。AIM 射出模具；模具插入；光固化成型法
(資料來源：3D Systems)

　　從這些不同種類的模具製程中，我們可以發現快速模具並不是一個自主獨立的應用層級 (圖 1.19)，快速模具整合了所有積層製造中可以製造衝壓模具和鑄造模具或相應的插入模件應用程序。

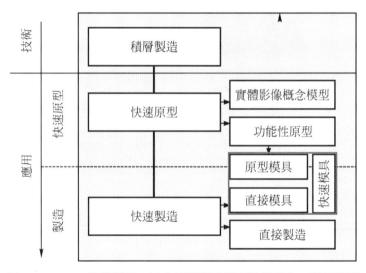

圖 1.19   AM：快速模具，結合原型模具與直接模具的一種子類別

■ 1.3　應用層級 - 間接製程技術

積層製造技術可以直接從虛擬數位資料檔案製作出一個高幾何精確與比例縮放的實體傳真，但這項製程還是有一些缺點 (至少現今大多數積層製造製程都是如此，詳細資料請參閱第二章)。

積層製造缺點如下：

■ 因為製程與機械運轉方式的關係，產生機械非常依賴材料的情形，且會受到材料顏色、透明度和可撓性的限制。

■ 隨著產量增加，成本幾乎不會隨之降低。

■ 當用來製作複製件與特別是一系列的應用時，成本相對的較高。

為了克服這些問題，積層製造工件可以視為主模型 (Master Models)，並且用於後續的拷貝或複製製程，其背後的原理是從 "性能拆分 (The Splitting of Capabilities)" 而來：意即幾何精確之工件由積層製造法快速獲得，但需要的數量，及各種特性如顏色、材料等，由後續的複製製程分開來決定。

這後續的拷貝或複製製程並不屬於層基加工製程，因此不屬於積層製造，而稱為「間接製程」(Indirect Process)，由於市場營銷的原因與表現製造快速的特性，有些又稱作「間接快速原型製程」(Indirect Rapid Prototyping Process)，同理，在文獻上有時又稱作「二次快速原型製程」(Secondary Rapid Prototyping Process)。

1.3.1　間接原型 (Indirect Prototyping)

間接原型是應用於在積層製造無法做到部分，並改進積層製造工件的特性以滿足塗抹的需求。

舉一個例子，如果今天要製作一件彈性工件，但是受限於材料的限制，無法直接以積層製造進行製作，於是就製作一件幾何精確但是為剛性的積層製造工件用來當作主要模型以用於後續的鑄造製程 (圖 1.20)，因為主要的功能性原型需要具有細緻的表面與一定的機械強度以承受複製製程，因此偏向以立體光固化 (stereolithography) 或聚合物噴射 (Polymer jetting) 技術進行製作，這些模型必須要在動手複製前完成。

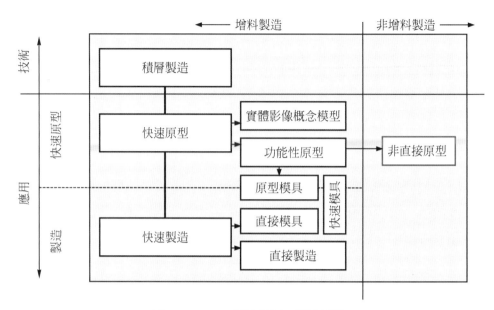

圖 1.20   AM：間接製程；間接原型

　　大多數間接製程製造的部件是功能性原型，因此都必須滿足相同的需求，實體影像和概念性模型很少以間接製程製造，因為它需花費較高的心力在時間與成本上，因此不合理。

　　現在使用中有許多不同的「二次製程」技術 (詳見 2.2 節)，最突出的一種稱做「室溫硫化矽膠模具」(Room Temperature Vulcanization, RTV)，也被稱做「真空鑄造」(Vacuum Casting) 或「矽膠成型」(Silicon Rubber Molding)，就像矽膠成型，大部分二次製程屬於長時間的完全或部分手工製程，因此僅用於少量或一類一個的生產。

　　插頭系統 (圖 1.21) 需要不同顏色和透明度的插頭外殼，以兩個積層造製作的主殼體製作矽膠模型，藉由使用這種模具，可以從 RTV 製程中獲得 15 種不同的複製件。

　　透視系列產品的製造商會以不同部件呈現新產品和其特殊功能。一旦它們是由原型材料製成的原型，即使它們的功能性良好，但是仍然不屬於系列性產品。

　　Stefano Giovannio 在 1998 年設計的桌上型恐龍打火機「Bruce」它的內部評估非常重要，這款打火機是從底部插入的一次性打火機，以同時使火焰離開通過點火口的方式使用，因此必需要對其方便性和安全性進行處理，因為在這個產品開發階段上，鋼製的模具太貴了，所以主要使用積層製造的模具以 RTV 製程進行製作。

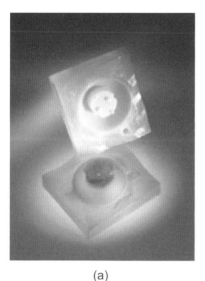 

(a)　　　　　　　　　　　　　　　(b)

圖 1.21　間接原型；矽膠模型；插頭系統；以立體光固化製成；模具與插頭殼體 (a)，
　　　　　安裝插頭的上部 (b)，(資料來源：mais van schoen DESIGN, CP-GmbH)

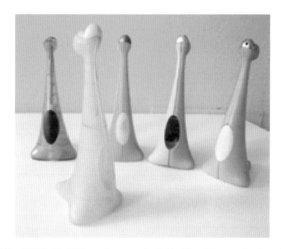

圖 1.22　間接原型；矽橡膠成型；"Bruce"打火機；以 AM 為主，使用立體光固化；
　　　　　以 RTV 進行複製量產 (資料來源：Alessi / Forum Omegna)

　　圖 1.22 中顯示立體光固化主模型 (最前方) 與一些有或沒有顏色變化的機制。

　　軟性材料的原型部件通常具有非常複雜的形狀，例如：氣封，尤其是車輛鏡片固
定用的氣封，需要有一些密封防水、鏡片固定、窗口裝飾、電纜固定、具吸引力的光
學外觀以及整合相鄰擠壓密封等功能。圖 1.23 顯示一個由光固化 AM 製程的間接模
型再用 RTV 進行製造的三角形造型之氣封。

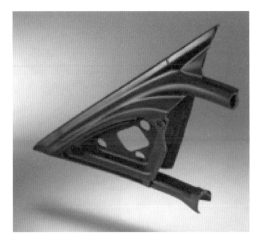

圖 1.23　間接原型；矽橡膠成型；矽膠成型；車輛鏡片固定用三角氣封 (資料來源：CP GmbH)

1.3.2　間接模具 (Indirect Tooling)

　　間接模具基於複製程序，與所有的間接製程 (圖 1.24) 都是一樣的，它的目標並不是製作最終部件，而是為最終 (或系列) 部件或小量或中量的產品提供模具，與模具鋼製作的量產模具比較，可以更便宜且快速的製作出來。

　　就像間接原型，間接模具使用積層製造製作主模型，而非銑床、磨床或放電加工製程，與矽膠成型相反，可用於大量塑膠或金屬製作的部件，從這個角度來看，雖然不是屬於層轉化製成，間接模具仍可被視作為快速模具的一部分。

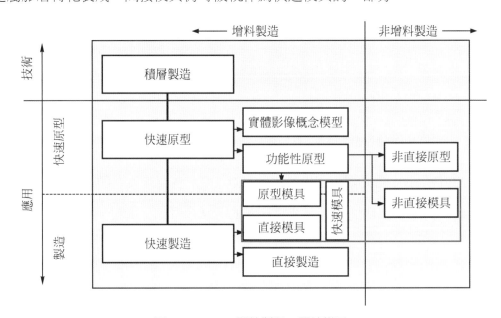

圖 1.24　AM：間接製程；間接模具

舉一個例子，如圖 1.25 顯示一個製作脫蠟鑄造的蠟模模具，這個模具是先由積層製造製作主模型，以聚氨基甲酸乙酯 (或簡稱聚胺酯，Polyurethane, PUR) 裝在一個鋁製盒子，中間經過反鑄造而獲得，在移出積層製造製作的主模後，這模子被用來處理所需的蠟模。

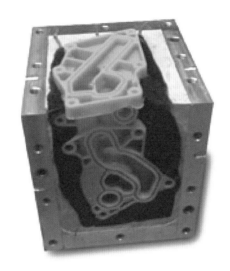

圖 1.25　間接模具；部分打開的以 AM 主模得到的 PUR 模具；從脫蠟鑄造蠟紋的
　　　　模具中分離一半；PUR 空腔 (黑色部分) 由 AM 主模獲得；鋁製外盒 (資
　　　　料來源：BeNe)

相較於軟性矽膠模，支持壁與較高剛性的聚氨酯材料組合後製作的模具可用於製作更高精度的蠟模，與全鋁製成的模具比較，它更加的便宜且交貨時間更短，這種模具可用於複雜精密鑄件的小批量生產。

由人工鑄造的熱固性成型材料物件不能用來做為樣品進行評估，需要由以最終量產材料經塑膠射出成型機製造，例如用阻燃材料製作的塑膠零件，因此需要鋼性的模具，為了避免使用傳統模具，可以使用採用立體光固化或聚合物噴印製作的模型，以鋁填充環氧樹酯鑄造適合的鋼性模具，雖然材料不一樣，此過程類似 RTV 製程。

可使用銑削研磨插入件以改善尖銳邊緣的細節，這種模具通常不需要冷卻，只需要加入一些手工操作的插入件而且不需要使用滑塊，然而，若使用週期長，這個缺點仍需要考慮。在圖 1.26，在插入模具外殼之前，可以看到兩件樹酯鑄造半模，分別為立體光固化成型製造的模型 (淺褐色) 與一組模件 (黑色)，已經有一些小量生產的高密度聚乙烯做的部件，被用在客車的引擎零件進行測試。

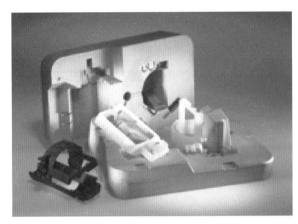

圖 1.26　間接模具：使用採用立體光固化或聚合物噴印製作的模型 (淺褐色) 製作鋁填充環氧樹酯製作的鋼性模具 (黑色)(資料來源：Elprotec)

1.3.3　間接製造 (Indirect Manufacturing)

間接製造是基於積層製造製作的主模，其目標是得到最終 (或量產化) 部件，而且其部件性能與傳統製程製造的產品一樣，因此，間接製造是屬於應用層級「製造」的一種 (圖 1.27)。

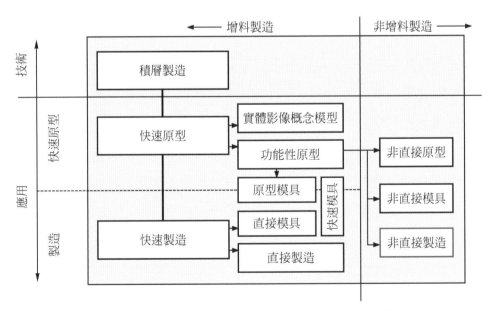

圖 1.27　AM：應用層級：快速製造；子階層：間接製造

列舉間接製造的一個例子，圖 1.28 顯示一個六汽缸內燃機殼體，它是唯一一個用聚苯乙烯為材料經雷射燒結積層製造製作的主模型製作出來的部件，有縮放補償調整的主模經過燒失模鑄造法 (又稱全模鑄法) 轉化成鋁製部件，這種鑄造法與脫蠟鑄造法 (lost-wax-casting) 有密切關聯。

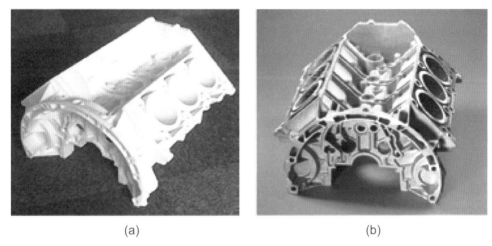

(a)   (b)

圖 1.28　間接製造：內燃機引擎外殼；AM 主模 (a)，以聚苯乙烯經過雷射燒結製作；
鋁鑄造件，一個唯一的部件 (b)(資料來源：Grunewald)

其結果是得到一個量產的相同發動機外殼，這個外殼可以用來優化和驗證引擎的設計，包括點火的引擎測試，也可作為小量產的產品，例如：用在賽車上。判斷是否為一個合適的製造方法——不是作為一個技術問題，而是經濟的問題來考量。

相同的製程被用來製造內燃機的進氣歧管，如圖 1.29 所示，它是以鋁經過脫蠟鑄造法製作出來的，其主模是以聚苯乙烯雷射燒結製作的，在圖左側工件顯示蠟的表面處理，右側則顯示鑄造件。

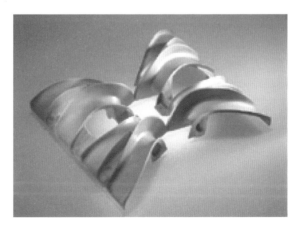

圖 1.29　間接製造；氣氣歧管；聚苯乙烯雷射燒結製造主模 (左)，
鋁鑄造部分 (右)(資料來源：CP-GmbH)

這種製程的另一種變化如圖 1.30 所示，以聚甲基丙烯酸甲酯經過三維列印製程 (3D printing process) 來提供一個精確鑄件，在圖中，賽車齒輪箱是以隨著鑄件消失的形式呈現。

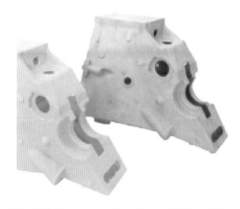

圖 1.30   間接製造：賽車齒輪箱：AM 主模是以聚甲基丙烯酸甲酯 (PMMA) 經三維列印製造 (左)，鋁鑄造件 - 唯一工件 (右)(資料來源：Voxeljet)

■ 1.4 積層製造機台的種類

現今在市場上可以找到各式各樣不同製程的積層製造機台，它們鬆散的連接到應用層級，但是或多或少獨立於積層製造製程的使用。

1.4.1 製造商 (Fabricators) 和其他

在一般情況下，用於層狀導向的積層製造機械被稱作「製造機器」，特別是如果它可以製造 (製作) 最終部件；如果只能夠作出原型，有些人稱之為「原型製造機 (prototyper)」。目前的趨勢是稱所有層狀導向積層製造機械為「列印機 (printers)」或「三維列印機」，且往往伴隨「個人」或「專業」等類似的前綴語。

1.4.2 積層製造機器的術語

實際上有一個正在發展中的術語或專業名詞大致上將所有市場上的積層製造機器分成三大類或類別，分別是：小型機 (Fabbers)、辦公室機 (Office Machines) 和工廠機械 (Shop Floor Machines)，詳見表 1.1 和圖 1.31。「小型機」作為一個通用縮寫是用於特定處理小型、簡單且便宜的機械，如果 Fabber 由個人或團體中的個體使用以及家庭或共同工作空間進行運作，則被稱作「個人機」(Personal Fabber, PF)。

表 1.1　積層製造機械與應用層級關係表

名稱		
個人機	辦公室機器	工廠機器
別名：		
個人製造機	專業列印機	生產列印機
個人製造辦公室機	專業 3D 列印機	生產列印機
個人列印機		
個人 3D 列印機		
應用		
半專業或個人在家使用	辦公室或工作仿專業使用	專業製造或專業工廠使用
應用層級		
快速原型	快速原型	快速製造
立體成像	功能性原型	直接原型
概念模型	二次快速原型用的主模	直接模具

家庭用　　　　　　　辦公用　　　　　　　工業用
個人製造機　　　　　辦公室機　　　　　　工廠機械

3D 系統　　　　　　Objet　　　　　　Stratasys
BFB 3000　　　　Eden 500 V　　　Fortus 900 mc

圖 1.31　積層製造機械術語與應用層級關係範例

　　一個「辦公室機」可在辦公司環境進行操作，這意味著它有最小的噪音、味道及懸浮粉塵，耗材可以通過辦公室人員進行補充，通常是透過更換墨水盒的方式，操作簡單、取件與後處理容易，產生的廢棄物是一般辦公室或家庭廢棄物。

　　一個「工廠機械」需要一個產業環境支撐，包含訓練有素的人員與後勤，它是為高產量和高產能所設計，這意味著可以處理大量的材料，有時後機械和使用的溶劑需要清理乾淨，例如：噴砂處理後，對這機械來說經濟的效益比單純操作性的更為重要。

　　雖然這三種分類概念或多或少為大家所接受，其稱呼方式會根據公司策略以及傾向於加入「列印機」這個詞而有各種變化，表 1.1 的命名方法即對應應用層級進行結構化。

這種分類方式並不是直接根據機械的積層製造製程進行分類，這些製程將在第二章進行討論，然而在積層製造製程與應用層級之間具有些微的相互依賴性，一個典型的依照機械分類來區分的方式如圖 1.31 所示，圖中所示即為個人用、辦公室用與產業用機械的典型外觀，當然這邊顯示的只是範例，一旦討論到基本原理，在第二章會有更多的討論如圖 2.26 到圖 2.28。

從操作者的角度來看，積層製造機械可以根據操作需要的專業技能與其重要性進行分類，表 1.2 即依照上述的定義與環境進行分類。

表 1.2   積層製造機械根據操作者需要的專業技能、廠房與價位之分類

機器等級	操作者技能	廠房架構	價位
個人機	每一位有基本操作個人電腦能力的操作者	無特別場所架構，即使餐桌亦可用	從低於 1,000 歐元至 20,000 歐元
辦公室機	可作業不同型態 3D CAD 的專業者	無特別不可缺之廠房架構，但獨立房有助材料及零件管理及免於噪音	從 15,000 歐元至 140,000 歐元
工廠機械	製造部門專業技術員		從 120,000 歐元至 800,000 歐元以上

■ 1.5 結論

積層製造的應用探討證明所有相關應用層面，不管在哪一層級或延伸應用都將由積層製造的強大能力中受益。本定義支持這一專業論述。實際上，區分不同的應用層面是非常重要的，使用者往往因為未適當定義他們的預期目標而對結果感到失望。

有些案例顯示出可使用不同的積層製造製程，甚至相互交換使用，以達到使用者的需求。在第二章中將討論與提出如何從不同商用積層製造製程中選擇適當的製程，並從中受益。

現今積層製造的侷限，例如材料的限制、表面粗糙度或製程速度，都將很快的被一一克服。有賴於積層製造技術全世界數百位科學家與工業開發商不懈的努力，將很快的獲得更完善的新製程與極大的進步。未來將實現複合材料產品的製造，而這將開啟所有工業產品，特別是電子業與醫藥產業全新的應用領域 (參閱第四章)。

■ 1.6 問題

1. 為什麼第一章沒有討論或提到積層製造 (Additive Manufacturing) 製程名稱呢？

   答：第一章主要在討論與提出積層製造之一種應用領域結構，而這種結構並非構築在特定的製程之上。

2. 積層製造 (Additive Manufacturing) 件最主要的特徵為何？

   答：幾乎所有幾何形狀都可製作出來。由於其主要為層狀導向製程，所有積層製造物件會呈現階梯狀。

3. 為什麼要區別科技層面與應用層面？

   答：科技層面主要在於提供理論與科學背景，應用層面則定義了積層製造的使用與好處。

4. 生成製造 (Generative Manufacturing) 與積層製造 (Additive Manufacturing) 的差異為何？

   答：兩者並無差別，只是不同的稱呼方法，都是通過加入增量體積 (體素、層) 達到半成品部分製作零件。

5. 生成製造 (Generative Manufacturing)、積層製造 (Additive Manufacturing) 與層基製造 (Layer-based Manufacturing) 的關係？

   答：生成製造與積層製造是通用的專有名詞，都是指以添加材料或卷狀材料製作物件。今日，積層製造在技術上所實現的主要為以層層堆疊方式製作，所以又稱作 Layer-based Technology、Layer-oriented Technology 或 Layered Technology，這三種專有名詞都是指同一種製程。

6. 實體影像 (Solid Images) 有哪些應用？

   答：實體影像是用來評估一般外觀、形狀和一部分產品開發過程中的觸覺性質，在產品數據控制上也有其價值。

7. 實體影像 (Solid Images) 與功能性原型 (Functional Prototypes) 的差異？

   答：實體影像只是一種三維圖像或雕像，而功能性原型可顯現之後開發的產品之其中一種或有限的數種功能。

8.　為什麼複製製程 (Follow-up) 與二次快速原型 (Secondary Rapid Prototyping) 不屬於積層製造製程？

　　答：因為其物件是使用工具 (模具) 澆鑄而成，而不是以層層堆積的方式製作而成。

9.　為什麼間接製程 (indirect process) 通常被稱作間接快速原型製程 (Indirect Rapid Prototyping process) 或直接稱作快速原型製程 (Rapid Prototyping process)？

　　答：因為 Rapid 這個前綴詞聽起來更時尚而且也包含使用者成功促進經濟的期望。

10.　為什麼名詞快速模具 (Rapid Tooling) 未定義出其應用層級？

　　答：製作工具或工具組件與製作最後的金屬部件在技術上是相同的，這是因為製作會用到的機械、製程與材料都是一樣的，差別僅在於在 CAD 設計的時候，是使用陰模或陽模進行製造，因此，這只是同一族系相似的應用，而無法明確指出特定的應用層面區別。

11.　功能性原型 (Functional Prototyping) 與直接製造 (Direct Manufacturing) 的差異為何？

　　答：功能性原型只能顯示出最後產品其中一些功能或性能，然而直接製造可製作出與最後產品完全一致的原件。

12.　為什麼原型模具 (Prototype Tooling) 的應用層面是介於製造 (Manufacturing) 與原型 (Prototyping) 之間？

　　答：這是因為該工具是以原型的組件與方法製作而成，因此被認為是一種原型，至少在特殊情況下，其最後製成的物件顯示出同樣的品質。

2 層狀製造製程

　　積層製造技術製程實現了層狀製造 (也稱之為直接層狀製造製程)。根據使用不同的各層橫切片，生成一個物件的方式，並緊密的堆疊形成成品，商業化的積層製造製程可分為五大族類。這些都依據在第一章所述的 AM 原理。第二章將討論且詳細的描述這五種 AM 製造技術及其衍生機種的相關原理，並介紹一些目前在市場上與技術對應的機器及其典型工件。

　　原型或工件並非直接由 AM 方法製造，而只是以 AM 為其中的部份過程，則此製程為 "二次快速原型製程"。其原理最常用的變化已大致如 1.3 節所述。最值得介紹的技術為室溫硫化 (RTV) 矽膠模具，將在 2.2 節更詳細介紹。

■ 2.1 直接層狀製造製程

　　由第一章，如圖 1.2 中可以很簡顯易懂地去認識 AM 技術原理，由一個虛擬的 3D CAD 數據 (實體模型)，依照給定的層厚去切片，將一個 3D 圖等厚度切片並形成每一層的切片輪廓，如圖 2.1 所示。

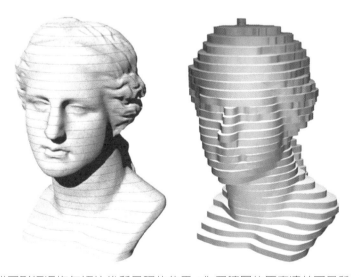

圖 2.1　三維圖形經過均勻切片後所呈現的效果 (為了讓層的厚度清楚可見所以略為誇大)

整個 AM 技術的製造過程就是將每一層單一製造，並且緊密地堆疊黏結上一層，反覆此兩動作，直到成品完成：

1. 根據給定層厚，切成等厚的輪廓切片，再用圖形數據去生成工件。

2. 將一層新的圖層堆疊在舊的切片圖層上。

理論上可以看到上述方法如圖 2.1，其結果顯示階梯狀之工件為 AM 製程之特色，如圖 2.2 所示。

圖 2.2　梯形步階，每層為 0.1mm

一般標準厚度通常設定在 0.1mm，最小還有到 0.016mm，但更小的層厚會花費更多的製作時間，但同時也帶來更高的精細度，而這也取決於材料的不同，而有所不同的變化，假如使用如金屬、陶瓷般較硬的材料，那厚度的取決也會有所不同。

如今市場上市售機台已經超過一百種，他們所有的製作方式都是基於前面提到的兩個步驟，他們之間的差別只在於如何切層、合併、連續切層的方式和使用什麼材料做處理。

產生實體層 (physical layer) 使用的材料也可分為很多種，例如塑料、金屬、或陶瓷等等，形式可作為粉末、液體、固體、箔片等等使用。由各種材料本身的物理效應來選擇使用，如光聚合 (photo-polymerization)、選擇性熔融 (selective fusing)、熔化 (melting)、燒結 (sintering)、切割 (cutting)、顆粒黏結 (particle bonding)、擠壓 (extrusion) 等等各種不同因素 (詳見第 5 章)。每層輪廓 (contouring) 的產生都需要能源以不同產生之物理效應，並依此去控制不同的 x-y 座標操作裝置來實現。以下常見的有：

- 雷射 (lasers) 掃描式設備 - 含光學開關或龍門式移動平台系統
- 電子束 (electron beams)
- 單或多個列印噴頭 (single- or multi-nozzle print heads)
- 切割刀 (knifes)、擠壓器 (extruders) 或紅外線加熱 (infrared heaters) 繪圖機 (plotters) 或直接照光投影機 (DLP projectors)

所有能想到的製程都可歸類在以下這五類 AM 技術如表 2.1。在列表中所謂的屬性名稱 (Generi name) 扮演描述性該巨屬成員之描述。屬性名稱必須與品牌名稱或個別製造商分開。兩者及包括常見的縮寫均列在表 2.2。

表 2.1　AM 技術五大基本分類

建構層	繪製輪廓層方式	
聚合	雷射、列印噴頭	光固化 聚合物噴印
選擇性熔融或燒結在凝固	雷射、電子束	雷射燒結 雷射熔融
輪廓切割與連接	雷射、切刀、銑刀	層壓製造技術
選擇性黏接	多噴嘴列印噴頭	3D 列印
選擇性熱熔	單噴嘴擠出機	融層堆疊製造

表 2.2　AM 製程：屬性名稱與商業名稱之縮寫

通用名稱	縮寫	商業名稱	縮寫
光固化聚合		雷射光固化	SL, SLA
雷射燒結、雷射熔融	LS	選擇性雷射燒結 選擇性雷射熔融 電子束熔融	SLS SLM EBM
層壓製造	LLM	層片疊加製造	LOM
3D 列印	3DP	3D 列印	3DP
熱熔疊層製造	FLM	熔融沉積造型	FDM

2.1.1　聚合 (Polymerization)

通過紫外線輻射去選擇性固化的液態單體樹酯 (環氧基 -, 壓克力基 -, 乙烯基醚 - 等型式) 液體稱爲 (光) 聚合 (Polymerization)，有很多不同之製程，不同之處僅在產生紫外線輻射的方式和完成輪廓處理的方法。有些聚合過程只提供部分凝固，因此，其 "生胚件 (Green part)" 並非完成後即完全固化，需要經過額外的後固化處理爐的裝置，照射紫外線燈去完成完整的固化。

在建構過程中，需要額外的支撐去穩定整個部件，例如懸掛的部分，需要暫時的支撐去穩定整體結構中沒有相連的部份，另外也可以防止物件變形。

支撐結構可使用軟體自動加入三維 CAD 模組內，在完成部件結構後移除，有些也可以使用專門清洗的設備去除。

2.1.1.1　雷射光固化成型法 (Laser-Stereolithography, SL)

光固化法不僅是起源最久遠，也是最詳細的 AM 技術製程。美國 3D System 公司是第一個發明出來並商業化，雷射光固化成型提供很好的表面精度與完整細節，部件在一開始的固化液裡聚合，通過紫外線雷射光束誘發開始聚合成固態，留下固態層，雷射光束是經由振鏡式掃描設備去訂定方向與輪廓的控制。典型的機台可從圖 2.3 中看到。

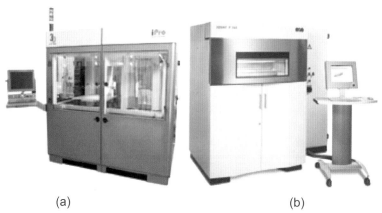

(a)　　　　　　　　　　　　　　(b)

圖 2.3　AM 機台，(a) 雷射光固化成型機 (3D Systems); (b) 雷射燒結成型機 (EOS GmbH)

雷射光固化成型機台上安裝有一個建構槽 (build chamber)，裡面充滿建構液態材料，和一個能產生 x-y 方向的雷射掃描系統 (laser scanner)。建構槽安置在一個可沿著 z 軸方向移動類似電梯式的裝置上，如圖 2.4。部件在這個平台上建構，雷射同時確實的掃描每一層的輪廓並固化 (solidification) 出輪廓以及接合到前一層，雷射光束的作用則是由切片數據與掃描儀去進行控制。

當雷射光束穿過光固化樹酯表面，瞬時發生凝固。而根據樹酯的反應性、透明度、層厚，可以去調整雷射光功率與速度。當一層凝固後，建構槽平台會降低一個層厚的單位，讓樹酯覆蓋一層新的，這就是所謂重複塗佈 (recoating)。新層根據其輪廓固化，整個過程從底部到頂面，直到整個部件成型。

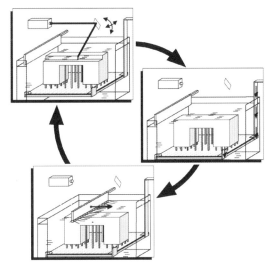

圖 2.4 聚合、雷射光固化步驟；聚合單層、降低平台、重新鋪層
（由頂部圖順時針開始）

　　此生成方式需要支撐件 (supports)，如圖 2.5(b)，這限制了部分在建構槽的擺設方向，因爲除去後的支撐材會在表面上留下很小的斑點。由於這個原因，應愼重選擇物件擺放方向。

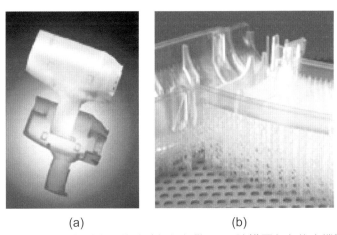

(a) (b)

圖 2.5 雷射光固化成型法，薄壁外殼類部件 (a)；建構平台上的支撐物件 (b)

　　在建構完成之後，物件需要清洗並在 UV 室裡完全固化 (post-cured)，此步驟在 AM 製程中稱爲後處理 (post processing)。假如有需要，可適當的將物件打磨、拋光、上漆，這些加工通常稱之爲“精加工 (finishing)”，精加工是和製程無關的步驟，並非是 AM 製程中的一部分，精加工僅與使用者需求有關或是使用上的限制，可用的材料是未塡充塡充的環氧樹脂和壓克力樹脂，未塡充的材料顯示出很差的穩定性以及

熱變形溫度，而這些可以通過添加微球或米粒狀的玻璃、碳或鋁來獲得改善，如今這些填充材料都包含了碳和陶瓷的奈米粒子。典型的概念模型可以在圖 2.5(a) 中看出，其薄壁殼狀造型例如頭髮吹風機。

2.1.1.2 聚合物列印與噴印 (Polymer Printing and Jetting)

可固化性材料通過噴印頭噴出，此製程稱為聚合物 (高分子) 列印 (polymer printing) 或聚合物噴印 (polymer jetting)，此技術由以色列的 Objet 公司推出。由於物件是由 UV 液態單體固化聚合而成，此製程被認為是一種三維列印工藝。

機器的設計非常類似 2D 辦公用印表機，如圖 2.6 左所示，材料通過一個多噴嘴的壓電式噴印頭噴印到建構平台上，固化是通過一個雙光幕同時進行，由兩個同步進行的高性能 UV 燈組成，厚度僅為 0.016 毫米，創造出非常光滑的表面，每層由移動平台在 z 軸上移動處理，一層一層的疊加上去，直到成品完成。

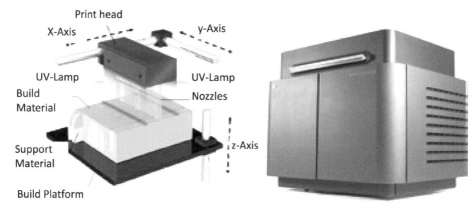

圖 2.6　聚合物噴印，Objet 公司

圖 2.7　聚合物噴印幾何圖形

建構過程是需要生成支撐，通過第二組噴嘴同時建立並自動生成支撐，使得每層皆會產生支撐材料，生成後一樣也會是固體，並且會消耗大量的材料，支撐材料在製作完後使用大部分的後處理方式都能洗掉不留痕跡，如圖 2.7 所示。

2.1.1.3 數位光學製程 (Digital Light Processing, DLP)

此製作成型過程是使用一台有 UV 光源的 DLP 投影機，將每一層的輪廓投影並使聚合物感光凝固，此過程由德國的 Envisiontec 公司予以商業化，機器稱為完美 (Perfectory)。

投影機安裝在一個倒置的建構平台，樹酯放置在一個玻璃製的盒子裡並放置在投影機上方，由下方投影機投射在樹酯下方，如圖 2.8 所示，下降到樹酯底部，使兩者之間的空間只剩一層的材料厚度，當一層建構固化後，平台往上升一個厚度，反覆進行，由於放置材料的盒子很小，所以只限用在小零件製作。但因光敏塑膠的種類多，包括生物相容等級的材料亦可取得，故可用來製作助聽器或假牙補綴之主模。

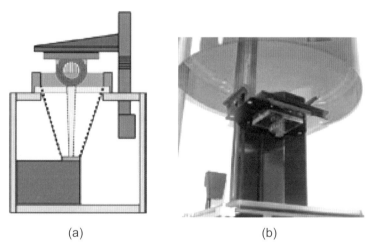

(a)   (b)

圖 2.8 數位光學製程 (Perfectory, Envisiontec 公司)：(a) 玻璃底部之存槽代表投影區域 (b) 反向安排的建構台 (含工件)

2.1.1.4 微光固化成型法 (Micro Stereolithography)

有很多種方法可以使零件大小在微毫米甚至是亞微毫米的範圍裡，如圖 2.9 所示，工業上則使用雷射光固化成型法，特別是還有特殊專有的材料可以提供選擇，德國的 MicroTEC 提供專業的服務，但只提供服務並無販售機台。

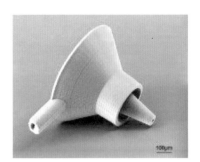

圖 2.9　微光固化成型法之工件及微機電 (Source: Micro TEC)

2.1.2　燒結與熔融 (Sintering and Melting)

選擇性熔融和再凝固的熱塑性粉末被稱為雷射燒結、雷射熔融 (laser fusing or laser melting)。如果使用電子束代替雷射，則稱為電子束熔融 (electron beam melting, EBM)。提供輻射能量是透過一種光罩，或稱為選擇性光罩燒結 (selective mask sintering)。而且燒結製程中不需要支撐部件因為周圍的粉末已經代替支撐穩定生成過程。然而，這對塑膠製程是正確的，但金屬製程則是例外。金屬製程常使用基底及支撐，主要在預防工件在製程中彎曲變型。

2.1.2.1　雷射燒結 - 選擇性雷射燒結成型法
(Laser Sintering – Selective Laser Sintering, LS - SLS)

選擇性雷射燒結或雷射燒結主要是用在塑膠粉末材料的製程。兩家商業化的公司在推廣，分別是美國的 3D Systems 和德國的 EOS 有限公司。

這兩間公司的機器是非常類似。都設計有一個建構槽內部充滿約 50μm 粒徑的材料粉末，雷射在上面往下照光並在 x-y 軸平面上掃描產生輪廓。建構槽底部設計有如一個活塞可以在 z 軸方向上移動進行調整位置，如圖 2.10 所示，建構粉床的頂部即為定義為實際建構層的面積，而建構槽會予以預熱，以最小化雷射功率及灌注保護氣體 (shielding gas) 以避免氧化。雷射燒結機台如圖 2.3(b) 所示。

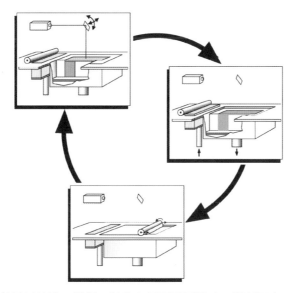

圖 2.10 雷射燒結與雷射熔融，製程：熔化和凝固單層輪廓、降低平台、重複鋪粉 (順時針)

　　各層的雷射光束輪廓由切層數據中取得各層輪廓，並由掃描器引導，雷射光束接觸粉末表面，將該粉末顆粒局部融化。幾何形狀所定義熔融的點是由雷射光束的移動速度與直徑決定，當雷射光束移動遠離，由於熱會傳導到周圍的粉末，熔融金屬固化，最後使一層固化輪廓成型。

　　在一層熔融凝固後，底下平台會往下降一個層厚的距離，另一邊會有將要補充的材料往上升，再利用滾輪 (roller) 往前鋪平，將材料均勻的分佈在建構平台上層，以填補剛才下降的層厚面積，此過程稱爲重複被覆 (鋪粉)。鋪平後，整個過程重複一層一層的建構，直到成品完成，在大多數情況下，頂層製作爲了提高穩固性則會使用不同的掃描方式。

　　成品建構完成後，會有很多粉末覆蓋在物品周圍，成爲所謂的 "粉末蛋糕(Powder cake)"，此時要等待它冷卻才可以將成品從中取出，冷卻 (cool-down) 可以在原機台上完成，但也可以在單獨的另一個冷卻室裡進行，如此，機台可以繼續進行其他新的工件製作。

　　燒結的材料有塑料、金屬、陶瓷，機器基本上是相似的，常由軟體或透過設計不同的版本機台去對應不同材料的製作，此時材料重新被覆的系統會針對不同材料來設計，例如滾輪爲基礎的系統，適用於粉末塑料，然而對於金屬而言，刷型系統 (wiper-type systems) 會更好。

雖然標準的塑膠材料是 PA11 或 PA12 類型的聚醯胺，但今日常依需要材質加工，如 PC、ABS、PA 等塑料常常使用，如用在薄膜鉸練 (film-hinges)，彈簧夾。雖然 EOS395 是目前可從事高溫塑膠 (如 PEEK) 的系統，未來需求更可期待。可燒結塑膠材料也允許加入一些球型或卵型的玻璃、鋁和碳顆粒以提高穩定性與熱變形溫度。甚至防火型的材料也可取得。

將物品從粉末中取出，通常使用刷子或低壓手動吹粉。有一種半自動的吹粉台可以將粉末自動清除，未來也將朝此方向發展。而金屬的成品則需要機器去從底部移除，這是非常耗時且費力的部分。塑料的成品通常是具有多孔性，可以上漆或作表面處理，金屬工件則較密集，可以依據不同材料進行加工處理，例如可以切削、銲接。

燒結而成的塑膠成品非常接近原本塑膠射出成型件，圖 2.11(a) 為原型，圖 2.11(b) 為最後部件。

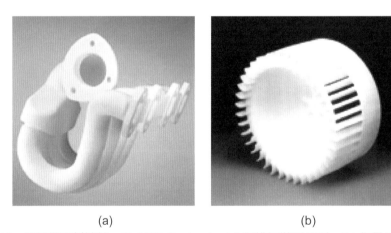

(a)　　　　　　　　　　　　　　(b)

圖 2.11　選擇性雷射燒結，SLS(3D System)，(a) 為排氣裝置原型，(b) 為風扇最終成品

2.1.2.2　雷射熔融 - 選擇性雷射熔融成型法 (Laser Melting – Selective Laser Melting, SLM)

雷射熔融基本上就如同上述的雷射燒結，其主要被開發用來處理高密度 (>99%) 金屬的成品，雷射完全熔化材料並使之重新凝固，稱為選擇性雷射熔融成型法 (SLM)。

如今，大多數的機台來自德國：EOS-GmbH, Realizer-GmbH, Concept Laser GmbH 及 SLM-Solution。此外，美國的 3D Systems, Rock Hill 也提供了一個新 MTT 的品牌，SLM Solution 前身。

大多數金屬機台都可以製作很多種金屬，例如碳鋼、不銹鋼、鈷鉻、鈦、鋁、金以及一些特殊合金，典型的例子是內部冷卻銷插入從塑膠射出成型模具鋼中所示製成的模具如圖 2.12(a)，和從 AlSi10Mg 製成的微冷卻器圖 2.12(b)。

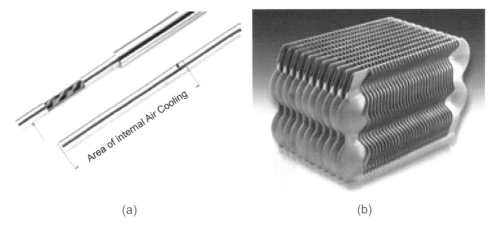

(a)   (b)

圖 2.12 塑膠射出成型模具中的內冷卻銷 (a)，從 AlSi10Mg 中的微冷卻器 (b)

機台的設計非常類似於塑料雷射燒結，使用光纖雷射因此有不錯的光束品質，並且再使用真空建構艙灌入保護氣體以處理像鎂或鈦等易燃材料，內建的輔助加熱系統有助於防止物件翹曲、失真、變形。

金屬和陶瓷微型燒結機 (ceramic micro sintering machines) 已經進入市場，但仍處於開發階段。德國 3D Micromac 以 EOS 為基礎已宣佈商品化，基本上層厚介於 1-5µm 範圍內，最小壁厚大於 30µm，重點是光纖雷射的直徑小於 20µm，以圖 2.13 西洋棋為例，高度最高為 5.5mm。

圖 2.13 西洋棋組

2.1.2.3　電子束熔融成型法 (Electron Beam Melting, EBM)

使用電子束取代雷射，此稱為電子束熔融 (EBM)，因為電子束材料需要真空處理，所以必需要一個完全密閉的構造。瑞典的 Arcam AB 發表 EBM 家族的機台，尤其可應用在航空、醫療、模具上如圖 2.14。

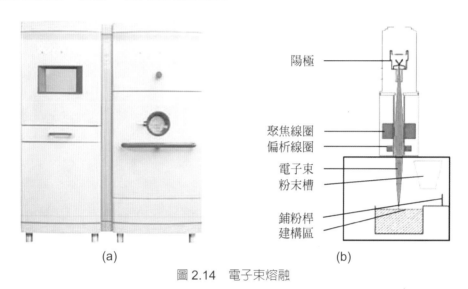

(a)　　　　　　　　　　　(b)

圖 2.14　電子束熔融

電子束穿透力非常深，而且有非常快的掃描速度，因此在製程過程中非常快速且高溫，有助於減少應力變形與失真，具有非常良好的材料特性。

2.1.3　擠壓 - 融層建模 (Extrusion – Fused Layer Modeling, FLM)

熔膏線狀一層一層堆疊成型稱為融層建模 (Fused layer modeling)，這個製程使用預製線型之熱塑性材料，並且可以使用帶有顏色的材料。從技術上來講，FLM 是擠壓成型的製程，如圖 2.15 所示，製作過程中需要有支撐結構來支撐。

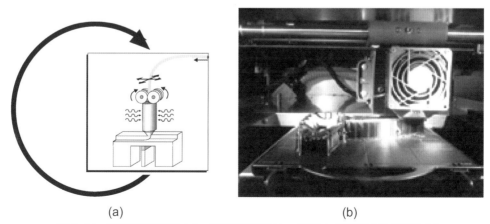

(a)　　　　　　　　　　　(b)

圖 2.15　融層建模製程 (a)、建構艙及平台、列印中的部件以及噴頭 (b)

很多俗稱的小型機 (fabbers) 就是簡化此擠壓方式的製程，有些甚至可以不使用支撐。常見的機種有 BFB 3000, Fabber 1, RapMan, RapRaP 等等，此類產品發展迅速。

熔融沉積成型 (Fused Deposition Modeling, FDM)

FDM 是由美國 Stratasys 公司以融層堆疊方式製程之機器，經註冊且保護的商品名。因為這是第一個在全世界商業化 FLM，FDM 也常被作為 FLM 同義詞，算是為一個同屬性的名字。

FDM 機台加熱整個建構艙 (ABS 材料約至 80℃)，艙室裡面具有建構平台和擠壓頭，此機器不使用雷射，擠壓噴頭根據輪廓在 x-y 方向擠壓材料列印在層。這是一部繪圖機式的機器。

預先製作的線材 (filament) 繞捲成綑存放在盒子裡，加工時以一條線連續輸送進擠壓頭裡，盒子裡頭會設置一個感測器，可與機器線材管理系統去做溝通。再擠壓頭部份，設計一個電加熱系統，半熔融材料通過擠壓噴嘴出口時，其線材直徑幾乎就等於層厚。

線材直徑通常在 0.1 mm 到 0.25 mm，移動平台在 z 軸方向移動且定義層厚，當材料擠出時可在前一層完成的物件上繼細續堆疊。此製程需要支撐，所以會使用兩個噴嘴製作，一個是工件材料，

一個是支撐材料。能夠同時處理兩種材料，代表 FLM 可以處理多材料噴頭列印，所以多材料工件製作在將來是可以期待的。

將熔融狀態的材料 (包括工件材料及支撐材料) 通過噴嘴沉積到前一層上面並因熱傳而固化，形成固體層，然後該平台下降一個層厚的高度，並在下一層開始新的沉積，反覆此過程直到工件製作完成。

有各式各樣依照 FDM 原理去製作的機台，個人機 µPrint 就是一個代表性的機台。從個人機至專業機，也有大型機台已經在使用。

很多塑料材料可用於 FDM 製程 (FDM processes)，包括工程材料如 ABS、PC-ABS 及特殊醫療建模材料，有些機器受限於少數種類的材料。此製程也有很多顏色可以挑選，其中包括半透明、黑和白的材質。由於顏色與線材連結，在製作的過程中無法再改變顏色，如圖 2.16(a) 說明。

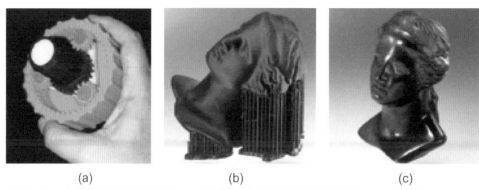

(a)   (b)   (c)

圖 2.16　熔融沉積成型。單色 FDM 零件組裝而成的行星齒輪組，ABS 塑料 (a)、
部件與支撐結構 (b) 拆除支撐和手工拋光 (c)

Fortus 400 及 900 機器可以接受高溫熱塑性塑膠 PPSF/PPSU，這是市場上第一部可以製作高性能塑膠的機器。

典型的 FDM 成型工件類似塑膠射出成型的特性，然而，這些工作都顯示具有方向性，這個階梯紋路的方向性可藉由製程參數調整而予以減小。所製作的工件可用來作為概念模型，功能性原型或甚至是直接製造的最後工件。

FDM 工件 (FDM parts) 典型的表面紋路是因擠壓成型而來，如圖 2.16(b)，紋路是根據層厚與物件建構的方向而定，紋路多多少少還是會看得到，因此物件擺放的方向對成型後的表面紋路外觀影響非常大。

後處理去除支撐材料，可以是手動或採用特殊清洗設施去除，精加工需要手工技巧與時間，結合手工技巧可以使成品有完美的表面品質，如圖 2.16(c) 所示，無庸置疑的說精加工影響了工件的精度。

2.1.4　粉末黏著劑黏結 - 三維列印 (Powder-Binder Bonding-3D Printing)

藉由疊層黏結一層層粉末 (粒徑約 50μm)，依選擇性噴印液體黏著劑至粉床頂部，此方法稱為三維列印 (Three Dimensional Printing, 3DP)。此一家族亦稱為『噴印粉末製程 (Drop on Powder Process)』。此製程技術主要由美國 MIT[1] 在 1990 年代註冊專利並授權 Z-Corporation 等公司商品化。至今各式塑膠及金屬粉末或陶瓷製程亦有商業發展。

---

[1] 麻省理工學院，美國麻州劍橋

　　此技術大部分在建構完成後需要二次製作滲透黏膠。有些金屬，通過此來先製作一個稱爲胚件 (Green pars) 的半成品，再經過加熱去膠及燒結 (Sintering) 來達到最終所需的性能。因爲黏著劑可以使用在很多不同的粉末上，所以在材料上使用的範圍幾乎是不受限制的，包括食品及藥品之應用。然而，至今已經商化的僅有一部份的粉末。

　　三維列印或 3DP 通常與所有 AM 技術製程變爲同意詞，成爲較爲同屬性的一個術語，因爲三維列印很類似於 2D 平面列印，所以用此術語來解釋何謂 AM 最簡單不過，但使用兩種相同的術語，卻具有不同的意義很容易引起混淆，因此特別是初學者要避免使用這個名詞。

2.1.4.1　三維列印 (3D Printing)-Z-Corporation 公司

　　美國 Z 公司 (Z-Corporation) 製作的商業化機台，其製程根據之基本過程完全相同。此機台可以製造出一個尺度穩定的胚件 (Green Parts)，但仍需要滲透固化劑去強化物件。在製造的過程中工件一直留在粉末裡，直到生成製程完成之後，因爲工件由週圍粉末保持穩定，因此不需要支撐結構。黏著劑也可以著色，使生成的工件能夠具有色彩，該公司所提供一系列的 3D 列印機，大部分都可以製造出彩色物件。

　　機台下半部包括建構槽與粉末槽，機台設計原理非常類似雷射燒結機器，具有可移動式 Z 平台能夠調整層厚和重新鋪粉的滾輪。它是繪圖式機台，應用商用之 2D 辦公用印表機之噴頭裝在機台上，依照每層的輪廓將黏著劑列印在建構槽區域的粉末上，使顆粒結合，其他鬆散粉末的部分則爲支撐結構，比對燒結技術，此技術不需要預熱也不需要保護氣體。

　　在一層凝固後，建構槽底下的活塞會往下降一個層厚，而頂部的空間則由供粉槽裡提供的粉末經由滾輪或刮刀將新的粉末重新鋪蓋上去。

　　現今，如澱粉類粉末、石膏、等都可以當作材料使用，甚至陶瓷粉亦可供製殼模作爲精密鑄造之用。由於黏著劑可以著色的特點，連續彩色的工件可以相同的在 2D 列印出具有色彩切層堆疊而成，這種全彩的彩色花紋也成爲本製程最大的賣點。

　　噴膠製程在最上層部份的完成成型之後，即完成整個工件的製程。由於製程在常溫下工作，完成後不久，粉末蛋糕 (Powder cake) 即可在常溫下取出工件，可以使用刷子輕輕撥掉殘餘粉末或使用低壓空氣吹除。

　　最後為了使其結構穩固，會將石臘或環氧樹酯等固化劑滲入工件中進行固化，耐久度不僅取決於該材料也攸關於滲入的固化劑，因此 3DP 的物件不太適合使用結構測試去分析。

　　典型的成型工件作為概念模型。圖 2.17(a)、(b) 顯示此物件模型，可以是單色或彩色的物件，圖 2.17(c) 為 Z- 印表機，由圖 2.18(a) 可見，相對於聚合而成的物質，表面是略微粗糙的，但圖 2.18(b) 可見，在經過人工處理後可以大幅改善。

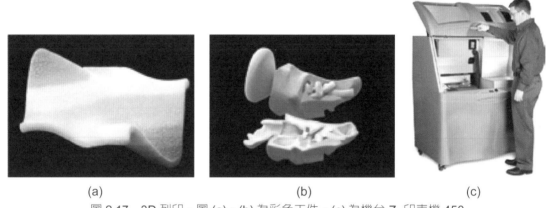

(a)   (b)   (c)

圖 2.17　3D 列印，圖 (a)、(b) 為彩色工件，(c) 為機台 Z- 印表機 450

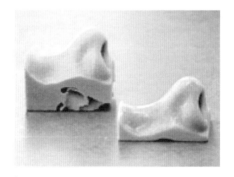

圖 2.18　3D 列印，人工後處理改善表面品質；成型後原型物件 (a)，經過精加工後的物件 (b)

2.1.4.2　三維列印 -Prometal 公司

　　美國 Prometal 公司取得授權而發展商業化的金屬列印以及陶砂列印機也都是基於 3DP 這個原理。金屬列印列製程是藉由結合微粒粉末，來製造出金屬或金屬加陶瓷的成品，基本原理類似，但不同的是使用一個額外的熱源及其鋪粉與整平系統，以確保均勻的鋪粉於粉末床及工件上，這個部份有一個本機台專用的製程名稱為 R1，而成品後續的熱加工可以使物件增加強度與耐久性。本製程之金屬物件可以客製化。

加州的藝術家專門拿來作出無法用機器加工的 3D 物件。如圖 3.23 所示。它們特殊的外觀也是用適當的表面處理法來創造達成。圖 3.23 顯示出物件在後加工前後的差別對照。圖 3.11 也顯示出一個工業應用的工件。

　　砂列印機，S- 列印機，是 Prometal 公司商業化的系列產品，可用來以陶砂重複製作複雜的陶心以增加砂模鑄造之產量，不只能製成原型和試驗鑄造製程，也可以直接作為生產方式。大機器能夠供應一條生產線，並且可視為一種鑄造機。圖 2.19(a)S-列印機，圖 2.19(b) 顯示了列印過程中的工件頂層及最左邊的噴頭。

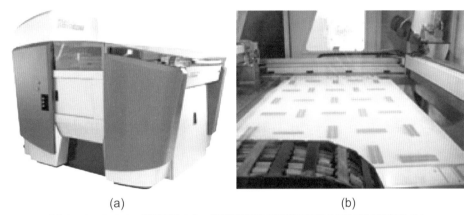

(a)　　　　　　　　　　　　　　　　(b)

圖 2.19　S-Print 列印機 (a)、建構槽顯示建構區域及最左邊的噴頭 (b)

2.1.4.3　三維列印 -Voxeljet 公司

　　德國的 Voxeljet 公司發展塑膠粉末的 3D 列表機，該公司發展一系列的列印機，包括 VX500(建構槽大小為 500×400×300)、VX800(建構槽大小為 850×600×500，如圖 2.20(a) 所示) 標準層厚為 0.15mm 並且範圍下降到 0.08mm(VX500)，主要在於高性能多噴嘴列印頭 768 噴嘴安裝在一個可同時控制六個列印模組上。

　　一個新發表的概念機 VX4000 擁有非常大建構槽，約 4×2×1m，可以做一次製造一個大物件或一系列的小工件，幾乎所有使用過的粉末都可以重新再利用，本身使用 PMMA 塑膠粉末和適合的溶劑型的黏著劑製作，直接生產塑料工件，不只可以生產工件原型，也可以作為很好的精密鑄造消失主模，因為它殘留的灰燼非常少，如圖 2.20(b)。

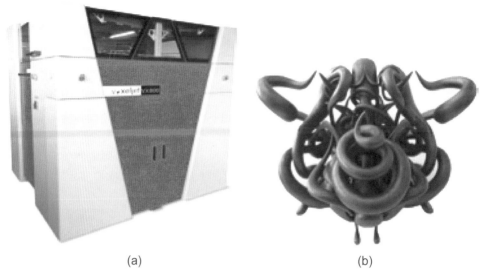

(a)　　　　　　　　　　　　　(b)

圖 2.20　Voxeljet VX800 塑料列印機 (a)，印刷出來的主模以消失模法作成的鑄件 (b)

2.1.5　薄板層壓製造 (Layer Laminate Manufacturing, LLM)

　　薄板層壓製造 (LLM) 是指其輪廓依據 3D CAD 檔案所規劃雷射或刀具路徑在預先製作之均勻厚度薄片切出形狀，接著將其上方黏著至前一層的製程。

　　薄片可由紙張、塑膠、金屬或陶瓷製作，切割裝置可以是雷射、刀具或銑床，相鄰層之黏著可以由膠水、超音波、銲接或擴散銲接，大部分的加工方式只需一道製程；少數需要後處理如在爐中燒結。

　　薄板層壓製程整體優勢是能快速建造大尺度物件，其缺點是依據物件的幾何形狀會產生巨量的材料浪費。

2.1.5.1　層狀實體製造成型法 (Laminated Object Manufacturing, LOM)

　　最古老且最廣爲人知的 AM 薄板層壓製造過程就屬層狀實體製造成型法 (LOM)，這項技術是由美國 Helisys 公司 (現爲加州 Cubic Technologies 公司) 最先研發，這台機器與新加坡 Kinergy 公司較晚開發的機器非常相似，現在已停產，目前許多同種類機台出現在市面上，而且多數的公司都提供維修與委託加工等服務，製作的材料約 0.2 mm 厚的捲曲紙張，在其背面塗上在被覆過程中可以受熱激活的膠水。

　　這種機器具備一個以 z 軸方向移動的建構平台與一個攤平紙張的機構，將其放置在建構平台上定位，再從另一側捲走剩餘紙張。使用雷射切割紙張輪廓。

　　爲了製作物件，紙張將被定位在建構平台上並由熱滾輪激活膠水固定，路徑由繪圖機式雷射裝置，可依據紙張厚度調整切割深度。另外龍門式雷射切割將定義物件的輪廓邊界，在物件各邊留下兩捲紙張，它能讓多餘不用的紙張被提起並被第二個紙捲捲走 (圖 2.21)，在路徑與外框中間的材料遺留在物件中，用來支撐物件，雷射會把廢料切成方塊讓廢料可以容易移除。

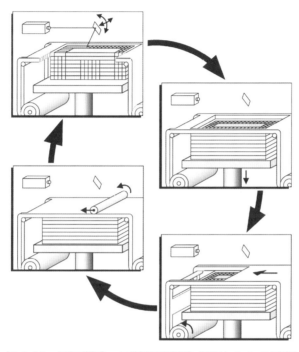

圖 2.21　層壓製造，層狀實體製造成型法 (LOM) 流程

　　完成物件加工後，整塊的紙包含物件與支撐材料從建構平台上移開，移除框架與小方塊即得到最後的物件，物件仍需要上漆以防止脫層問題，圖 2.22 可看到典型物件的齒輪外箱。

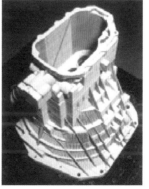

圖 2.22　層壓製造，紙板疊層成型法，齒輪外箱 (LOM)

2.1.5.2　紙板疊層成型法 Paper Lamination - MCOR Corp. Matrix

　　愛爾蘭的 Mcor Technologies 將紙板疊層成型法轉型爲商品化，切割路徑是由拖動碳化鎢刀片來代替雷射做切割，其製程以散裝平板辦公室紙張 (A4，80gsm) 爲基礎，並使用標準白色聚醋酸乙烯酯 (PVA) 膠水黏著，當使用這種膠水黏著時紙張會起泡，故設計一種特殊的微滴塗層系統來克服這個問題，在不屬於物件的區域其液滴濃度極低，使其可以輕鬆清理，這台快速運作且利用每層約 0.1mm(圖 2.23(a)) 的層厚加工便宜物件的機器叫做 Matrix 300，這台機器可利用彩色紙張幫物件上色，爲了得到一個彩色結構的物件，紙張必須按照正確順序手動填充。

(a)　　　　　　　　　　　　　(b)

圖 2.23　層壓製造：紙板疊層成型法 MCOR Matrix 300 機 (a)；紙板製作彩色物件 (b)
(來源：MCOR Technologies)

2.1.5.3　塑料層壓成型機 (Plastic Laminate Printers)

　　雖然 "疊層" 一詞不是專用於一種特殊材料，層壓成型機是 AM 機台結合以聚氯乙烯 (PVC) 爲基材的塑膠薄片，最初是由 Solidimension 製作生產並以 SD300 型機器販售，此機種與升級的機種同時進入市場，分別爲 Graphtec XD700 與 Solido SD 300pro。在製作的過程中，每層的輪廓都覆蓋液體與膠水，然後下一層將接續並以膠水固定，其輪廓將利用內建割紙機切割，如圖 2.24(a) 所示，最後，得到一個被外框廢料所包圍的堅固的塑膠物件，外框每層的邊緣都有膠水與上一層做連結，這讓其在剝離時可以輕易完成並產生如手風琴狀的廢料，如果物件的幾何形狀符合製程的需求，那製作出的塑膠物件將非常堅硬，如圖 2.24(b) 所示之風扇葉片就是一個典型的物件，複雜之物件內部中空的元件可能會遇到問題。

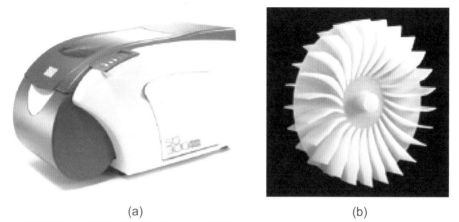

(a)   (b)

圖 2.24　層壓製作：塑料層壓成型機 (a) 由層壓成型機 Solido SD 300 pro 製作之風扇葉片 (b)
　　　　(來源：Solido)

2.1.5.4　金屬物件薄板層壓製造機 (LLM Machines for Metal Parts)

製作金屬物件大部分是用切削與連接板金的方式達成，其輪廓由雷射切割或銑床提供。薄片經由擴散銲接、粉末銲接、熔銲或機械用螺栓來接合，雖然這種製程是加法與層狀取向，但這種半自動多步驟的製程並不屬於 AM 製程。

2.1.5.4.1　超音波固化 (Ultrasonic Consolidation –Solidica)

可以稱作 AM 的 LLM 機是由美國 Solidica 製造的罕見 AM 機，其製程稱作超音波固化。將傳統的銑床機台整合超音波銲接裝置，將薄鋁片銲接在半成品的物件上，一層製作完成後，沿其輪廓路徑銑一圈，然後下一層再一次循環。此製程中，配合內部放置完整的感測器及氣密艙體，可製作完全緻密的鋁製物件。其未來的發展，不僅可以製作不同的材料，包括鈦、鋼、銅 (copper) 和鎳，也可以實現組合結構，如圖 2.25 所示之鈦鎳結構，能製作梯度模數 (Gadient-Modulus[2]) 能量吸收材料，其在耐衝擊性有巨大的改進。

---

[2] 通常稱為梯度材料，其物件內部的材料特性將與其原本材料特性相異。

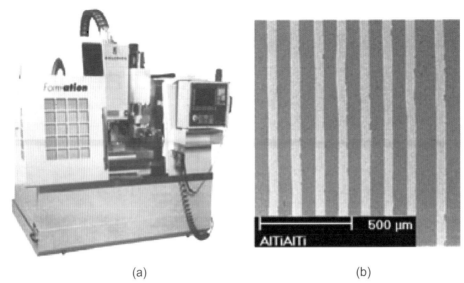

(a)　　　　　　　　　　　　　　　　　　(b)

圖 2.25　超音波整合 UC-Machine formation(a)；鈦 - 鋁高能量吸收結構 (b)(來源：Solidica)

2.1.6　其他製程方法：氣霧列印成型與生醫材料成型

2.1.6.1　氣霧列印成型 (Aerosolprinting)

　　氣霧列印成型是一種有趣且富含高潛力的製程，美國 Optomec 公司開發與推出
這項無遮罩中尺度材料沉積 (M3D) 製程，其製程產生一束非常精細的液滴 (氣霧)
攜帶更精細的奈米級物質的水霧，並將其引導至基板的表面 (圖 2.26)，氣霧將依據
CAD 設計之圖形來沉積，接著液相將汽化而奈米級物質將留在原地，這種物質可以
是功能性油墨、金屬、陶瓷、塑料甚至是活細胞。依據置入的材料，後處理可能會用
到雷射，氣霧列印成型在加工電子元件與組織工程方面非常有遠景。

　　由於其目前僅適用於二維表面紋理和物件 (至少目前) 而不是三維物件，所以有
人不認爲氣霧列印成型是一個眞正的 AM 製程。

2.1.6.2　生醫材料成型 (Bioplotter)

　　由於在 2.1.1.2 章節中已說明的聚合物噴印機器與 Optomec M3D 機台 (圖 2.26)，
其眾多特別賣點之一就是可以多種材料加工。3D Bioplotter 是德國 EnvisionTEC 註冊
商標，它允許加工各式各樣的材料，其材料從塑膠如聚氨酯 (PU) 與矽膠到骨頭材料
如羥磷灰石、藥物如 PCL(聚己內酯)、材料如膠原蛋白、爲了器官列印的纖維蛋白
及軟組織製造，多達五種材料可藉由三軸繪圖機操作加熱或冷卻點膠裝置來加工。根

據不同的材料,將使用不同的硬化處理如沉澱、相變化 (液體變固體) 或兩種成份的
反應,一些材料需要後處理如燒結。

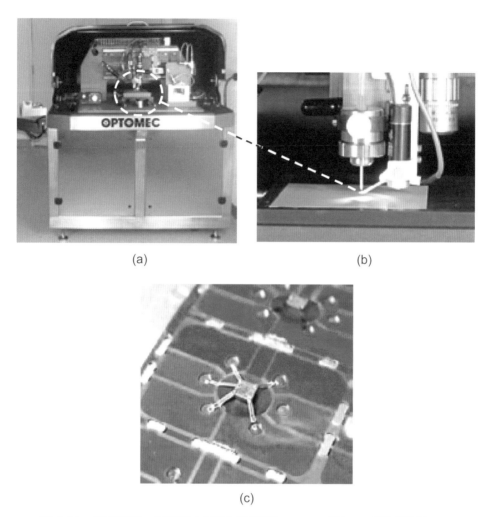

(a)　　　　　　　　　　　　　(b)

(c)

圖 2.26　氣霧列印,無遮罩中尺度材料沉積 (M3D):機台 (a) 與沉積平台 (b),
　　　　 smart card 表面結構與智慧卡 (c)(來源:Optomec/eppic-faraday)

■ 2.2　積層製造機台 - 製造商、成型機等

如第 1.4 節中所指出，以三種分類概念定義之機器或加法製造機器正快速且廣泛的成長，詳細資訊如表 1.1，1.2 與圖 1.31 所示。這裡我們將專注在之前已經提過的三種分類概念之機台並提供幾個使用以下三種分類方式 "小型機" 如圖 2.27、 "辦公室機" 如圖 2.28 所示、 "工廠機械" 如圖 2.29 所示之機台實例，目前已經商品化機器超過 150 台，其中只有少數選用之機台說明如下。

Vflash	HP DesignJet	SD 300 Pro	Thing-O-Matic 3D Printer
3D Systems	HP/Stratasys	Solido	Makerbot
塑膠	塑膠	塑膠	塑膠
聚合	擠出	疊層	擠出

圖 2.27　層狀製造程序： "小型機" 類型

ProJet HD 3000	SST 1200	Alaris 24	Z Printer 450
3D Systems	Dimension	Objet	Z-Corporation
塑膠	塑膠	塑膠	澱粉 / 陶瓷材料
聚合物列印	擠出	聚合物噴射	三維列印

圖 2.28　層加工製造程序： "辦公室機" 類型

iPro 9000 SLA	VX 800	M3 Linear	P780
3D Systems	Voxeljet	Concept Laser	EOS GmbH
塑膠	塑膠	金屬	塑膠
光固化成型	三維列印	雷射固化 / 雷射熔融	雷射燒結

圖 2.29 層狀製造程序："工廠機械"類型

■ 2.3 二次快速原型製程

第 1.3 節提到物件可以利用 AM 技術快速得到一個精準的主要模型，隨後可以利用如複製或二次快速成型製程來製作小量且高品質的物件，其中最顯著的複製製程為真空鑄造，也被稱為矽膠模具或室溫硫化矽膠模具 (RTV)，其過程如圖 2.30 所示。

準備主模型、定義分模線與鑄件在鑄件箱的定位、用矽鑄造、反應至固態、打開模具、移除主模型、準備模具並閉合、在真空鑄造裝置內裝置模具與材料、鑄造、打開模具、移除物件、清理物件與品質管理、利用同一個模具鑄造其他相同的物件。

若要快速製作少量同系列物件或是一個限定屬性的物件，將二次加工製程如 RTV 與 AM 製程結合是一個很好的方法。

 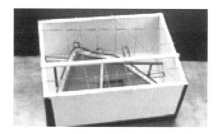

(a) 完成主模型定義分模線　　　(b) 安裝置模套內

圖 2.30 二次快速原型製程：常溫硫化矽膠模具 (RTV)

(c) 澆鑄材料

(d) 打開模具

(e) 移除主模型澆鑄 PUR 材料

(f) 反應至固態

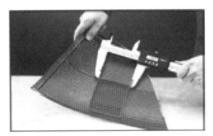
(g) 移除物件鑄造物件

(h) 品質管理

圖 2.30　二次快速原型製程：常溫硫化矽膠模具 (RTV)

■ 2.4 結論與展望

　　AM 是一種創新且優秀的製作技術更有其獨特性，藉由不同的機台與其搭配的製程可以處理各式各樣的材料，除了塑膠材料，金屬與陶瓷外，AM 技術也可以搭配減法製程如研磨，在生醫材料中，活細胞也可以轉變成產品。在製作過程中，材料可進行混搭，使製作出的物件可以有不同的機械特性 (分級材料)。

　　就傳統加工而言，即使是傳統機械材料 - 聚醯胺可以已幾乎沒有幾何限制的情況下進行製作，但還是有製作上的極限，而 AM 技術將消除許多現今在工程設計上要遵守的限制，目前已有超過 100 台的機台與多種新機台在市面上販售，接下來還有新創立的製程會推出，這些數量將在未來增加。

　　涵蓋所有應用的領域之機械,大致可分為小型機、辦公室機、工廠機械等三大類。

　　尤其小型機的的量產,標示著 3D 印的新紀元。舉例來說,Makerbot 出產的 Thing-O-Matic 3D Printer(圖 2.27) 與 3D Systems 出產的 BFB 3000(圖 1.31),在 2.1.3 節中提到的擠壓熔融積層成型 (FDM μPrint) 製程也被認定為一種 Fabber,惠普公司即將推出 HP DesignJet 3D 印表機並投入大眾市場。

　　這些例子代表著一個全新的 AM 時代來臨,未來,每個人都可以運用不同的製作方式來製作物件並將其分享在世界各地的網絡中,任何人可以創作專屬於自己的作品,一個數位革命即將開往三維的方向。

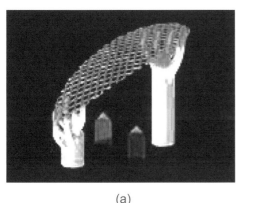
(a)
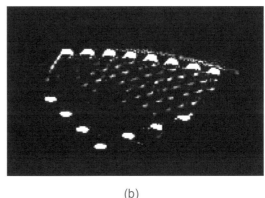
(b)

圖 2.31　小型機範例:小型機 1 (a),HP-Designjet (b)

■ 2.5　問題

1. 什麼是 AM 技術?

   答:擬製造物件可由一組 3D 電腦輔助設計之數據,將 3D 電腦輔助設計軟體得到之數據經由切層軟體實際依序一定厚度切成層狀,最後將提供每層的輪廓與每層之厚度等資訊。

   而 AM 機台將由切層軟體中得到的虛擬數據轉變成實體,以層層相連的方式製作出實體,由於其以固定厚度依序疊加,所以實體會有階梯狀的表面。

2. 為什麼經由 AM 技術製造出之實體都會有階梯狀的表面?

   答:原因在於其製作方式為以每層之輪廓依序疊加成型,而一般其層厚固定。

3. 所有的 AM 製程都要經過哪兩個重要的步驟？

　　答：步驟 1：將實體轉變成切層後的數據，其中包含每層之路徑與厚度。

　　　　步驟 2：將每層的數據實體化作並依序疊加於前一層之上。

4. 大部分由塑膠材料製作的 AM 物件及基本層厚是多少高度？

　　答：大部分的機台其逐層厚度爲 0.1 毫米，但也有部分機台是 0.016 毫米與 0.2 毫米。

5. 描述各 AM 技術的程序 (從中選擇問題)

Stereolithography	立體光固化成型
Polymer-printing and –Jetting	聚合物噴印快速成型技術
Laser Sintering – Selective LS	雷射燒結 - 選擇性雷射燒結成型技術
Laser Melting – Selective LM	雷射熔融 - 選擇性雷射熔融成型技術
Laminated Object Manufacturing	層狀物件疊加製造技術
Fused Deposition Modeling	熔融沉積成型技術
Three Dimensional Printing	三維列印刷成型技術

　　答：答案在各章節中。

6. 有兩種 AM 製程可以製作彩色物件，請把名字寫出。

　　答：熔融沉積快速成型技術

　　　　三維列印技術 3DP(粉末 - 黏著劑製程)

7. 如何分辨兩種可以製作彩色物件的製程？

　　答：FDM：藉由有顏色的線材在同一時間製作相同色彩的作品。

　　　　3DP：可以像辦公室的二維印表機一樣製作包含連續色彩的物件。

8. 為何 powder-binder-process 製作的 3D 物件不能作結構測試？

　　答：因爲其製作的物件特性取決於膠水滲入的量而不是建構過程與使用的粉末材料。

9. 若要使用 RTV 技術，主要模型需要做哪些事前準備？

　　答：主模型需進行拋光的動作、增加通風管道與通風口及定義分模線。

10. 當在使用 LLM 製作金屬物件時，哪些機械製程可以應用在金屬片上？

　　答：擴散銲接、軟銲、粉末銲接、機械螺栓結合等。

3 應用

第 3 章將會討論甚麼樣式的零件可以使用 AM 來製作及可以應用在什麼場合？先討論零件基本的應用特性。我們要討論要用快速原型或快速製造？這個零件是個原型或是最後的零件？令人驚訝的是，決定這零件是個原型或是個產品的，既不是材料也不是機器，而是用戶要求更換的工程設計和它是如何製造的有關。要了解不同的做法，先要確認工作流程的紀錄與分析。

在下文中，本章根據應用領域或產業分支編排。這些例子強調一個事實，它在具體的產業分支和特定的 AM 製程之間沒有嚴謹的關聯。實際上，通常有幾個 AM 製程應用的備選方案在互相競爭。通常需要加入後續間接或次要的 AM 製程來得到預期的結果。

本章例子的選用在某種意義上既不完整也沒有獨佔優勢，也不是最佳優化和唯一可能的解決方案。因為幾乎每個產業都使用 AM 製程，不是提到所有的特定產業。本章中實例探討的 AM 應用，可以看作是個現象學的方法。更系統化的方式，對於 AM 的策略和獨特的設計方面，將會在第 4 章做討論。

因為正確的數據和適當處理是 AM 應用技術成功的先決條件，本章開始這議題。

■ 3.1 資料處理 (Data Processing) 與應用之工作流程

對 AM 來說，前提必須有個完整性和無誤差的 3D 數據組。現今，專業的 3D CAD 系統都能獲取這些資料。另外，掃描儀和各種數位成像系統，即使是醫療用途中的也都是能使用的。這些大多數的系統必須由專業人員操作，主要是由工程設計師。隨著越來越多使用 AM 的非專業人士，像是私人、或並非使用 AM 當作核心業務者而是當成簡報或預先生產工具的專業人士，更重要的是使他們能簡單地操作共享的 CAD 系統，甚至獲得預製 3D 數據庫來操作。

雖然數據擷取是 AM 技術的先決條件，但仍有一分開的主題無法在本書中說明。有二個方面與 AM 工作流程緊密相關：第一：CAD 與 AM 間的標準製程鏈及數據流；第二：最後零件的應用層級之知識及其如何與 AM 工作流程相關與如何影響 CAD 設計？

3.1.1　積層製造之製程鏈 (Process Chain)

根據圖 1.2 所示，AM 工作流程的先決條件是創建或是從「虛擬產品模型」取得無誤差的 3D 數位資料檔案。基本上不用在意說資料是從哪獲得，儘管數位資料採集是個專業產品開發的要素，可以從 3D CAD 取得。如上所述，掃描數位資料或是各種來源的網格化資料都可以很好得利用。

在數位資料採集和所謂 AM 前端之間的端口標註著 AM 的進入點，根據圖 3.1 製程流程。

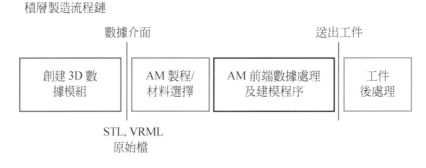

圖 3.1　AM 製作流程鏈

可容許的資料格式 (data formats) 包括 CAD 系統的原始格式及其他一些 3D 建模的結構，像是 VRML 或是現在接近工業標準稱呼的 STL 格式，在 3.1.3 節將會說明這些格式，因爲它們扮演著重要的角色。

接著，選擇適當的 AM 材料和製程是很重要的。因此有些顧客會要 AM 的性能必須考慮到這些。建立參數設定和設備處理的細節，像是填充材料必須對有選擇性的 AM 製程去決定。因爲材料會影響到建立參數，材料的選擇和資料庫是跟前端資料設定所連接的。藉由圖示軟體就可以很簡單的操作，操作者與設備之間的溝通，尤其是對辦公室設備。在 AM 或前端軟體 (front end software)，出於過去的說法還被稱爲 "快速原型軟體 (Rapid Prototyping Software)"，或者是機器本身有一個綜合軟體包或是

第三方軟體 (像是從 Materialise 公司)，在大多數情況下，尤其針對專業人士，擁有更多廣泛的功能。在建構之前，設備相關的參數要加入，例如被覆過程時間，一旦開始，建構過程會自行運作直到零件完成。

當零件完成之後，如果機器需要的話，那它就需要再經過指定的冷卻降溫過程。在大多數情況下，建構過程中可取出一些某種生胚件 (green part)。視過程之需求 (如 3.2 章節所述)，零件需要清潔、低壓噴砂、移除支撐、後處理固化或是滲透其他材料。這些製程步驟是在整個 AM 製程中一部分，並被稱爲 "後處理 (Post processing)"。此外，這些零件可以經過像是上漆或是加工過程。這些單獨處理的過程被稱作 "精加工"，它並不是 AM 製程流程的一環。

3.1.2　應用工作流程 (Application Workflow)

所有 AM 製程基本上遵循上面討論的 AM 製作流程鏈和考慮常見的工作流程。從一個 AM 製程到另一個上，唯一不同的就是小細節。現今，同樣的機器，也因此相同的製程和材料兩者基本應用的層級 - 製作原型 (快速原型) 和最終零件 (快速製造)。原型工件和產品甚至可以建立在相同的建構過程。

不管零件是一個原型或是一個產品，都由工作流程的細節來決定。

3.1.2.1　快速原型之工作流程

快速原型工件是提供作爲設計評估和獨立特性的測試，像是配合和功能 (參考 1.2.1 節)。正如在 3.1.1 節提到的，一般的工作流程表示在 AM 製程和 CAD 設計之間是沒有回授。AM 機器就像一台印表機。

因此，原型是沒有特別的設計和數位資料是從後來一系列產品的工程設計所得到的。所以，設計規則和材料特性將會專門適用於最終產品且最後以大量生產的方式(圖 3.2)。這種情況下，AM 原型工件就只是個最終一系列零件工程設計過程中的衍生物。從一個系統的角度來看，快速原型工作流程在 3D CAD 設計上不具有任何影響，而且 CAD 設計完成之後 AM 製程才開始。

工作流程強調不同的責任。爲了製作原型，對負責 AM 製程的人要選擇合適的 AM 材料和及對應的 AM 製程。選擇的準則是材料應該要和之後產品材料一致，然後原型工件應該要表示出其在之後一系列零件的主要特性，例如幾何形狀。

當數位資料模組傳送到 AM 機器上。建立好在建構平台上零件的定位和方向，建構參數的設定利用前端軟體來輔助。這是由負責 AM 製程者根據 AM 製程要求來進行的。零件的技術特性由 AM 製程來決定。建構後的工件後處理常是由手工作業來完成。

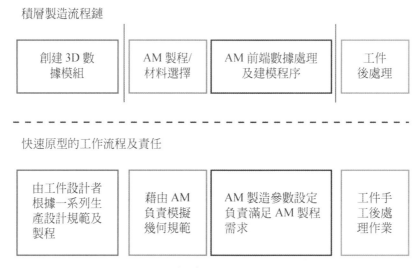

圖 3.2　快速原型的工作流程

總結而言，AM 快速原型工件是根據後續一系列零件的設計規則和材料特性來創造，但是其 AM 製程而是由不同材料產生，並根據不同的生產製程。因此 AM 原型工件可以模仿一系列產品，但是永遠不會跟系列產品相同。

為了強調這方面，請看圖 3.34 兩個頭顱的模型。它們是基於相同的 3D 數位資料，但是取決於製程的選擇 (是立體光固化製程或 3D 列印製程)，顯現出完全不同的特性。

3.1.2.2　快速製造之工作流程

假使使用 AM 應用層級的 "快速製造" 來做出最終一系列零件，那它必須根據設計規則、材料特性和所選擇 AM 製程的產品特性的來設計 (圖 3.3)。所以是責任會改變。

工程設計師在設計之前，必須選擇建構材料和匹配的 AM 製程，在快速製造的情況下，是最終生產的製程。因此他不僅要對零件或是建構製程定義好所有參數。包括縮放比例、位置和零件的方向。AM 設備的操作者不用再對這些參數負責,只要恰當的運轉設備。

如果根據這個快速製造工作流程來生產的話,AM 零件要顯現出由設計者指定給它的所有性能。這個意指它是個產品。從系統的觀點來看,快速製造流程強烈的干擾了 3D CAD 設計。

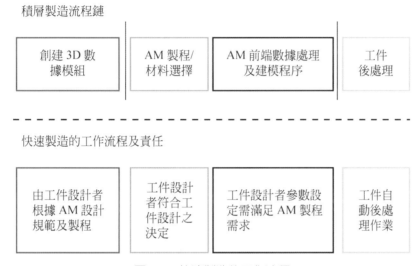

圖 3.3　快速製造的工作流程

根據製造的策略,建構工件之後所有後處理的程序應該都有可能自動的完成。

3.1.3　STL 資料結構、錯誤與修復

為了獲得零件的 STL 數位資料,零件的內表面和外表面,都是藉由三角型網格來產生近似型狀。這就是所謂的三角網格化 (Triangulation) 或網格分化 (Tessellation)。對於最佳配合,零件的自由曲面是由不同尺寸的三角形近似的,對平坦的區域使用大的三角形且在曲面的區域使用小的三角形。

STL 是一個非常簡單的資料格式,因為每個三角形都是由四個資料元素、三個角點各有其三個座標和一個法向量來定義內表面或外表面。也因為是三角形,數位資料可以簡單地在任何所需的座標方向來切片,以接收每一層的輪廓。

STL 在一開始被稱作是"標準轉換語言 (Stand Transformation Language)",但是開始與 AM 緊密聯繫一起後,現今又稱作"立體光刻語言 (Stereolithography Language)"。這相應的檔案型式即為 *.stl。STL 格式可以從幾乎所有的 3D CAD 系

統和任何掃描儀來匯出。STL 資料可以給任何給定的 AM 設備來輸入和處理。它被認爲是一個非官方但又實際操作的標準。

STL 資料是由 CAD 系統匯出又或是快速原型軟體計算出。這這兩種情況下，STL 資料是由瀏覽功能的裝置來驗證。快速原型軟體支援零件在平台上的方向以及定位和群組多數個零件可同時於一個建構平台操作。它可以縮放比例和視需要計算基底與支撐物件。另外，它也增加建構參數以及最後的切層。作爲服務功能，通常將軟體估算建構時間和控制整個建構製程，包括材料管理和並視需要作完工冷卻。

STL 方式的一項優點，三角形可以對任何給定的幾何圖形做尺寸變化且檔案可以給顧客適應的精度要求。因此，減少三角型的量也減少了檔案的大小，但是零件的精度就將會降低，反之亦然。其原理和不同三角型尺寸的影響可由圖 3.4 得知，列舉考慮幾何物件 (球體)，和零件 (環) 爲例。

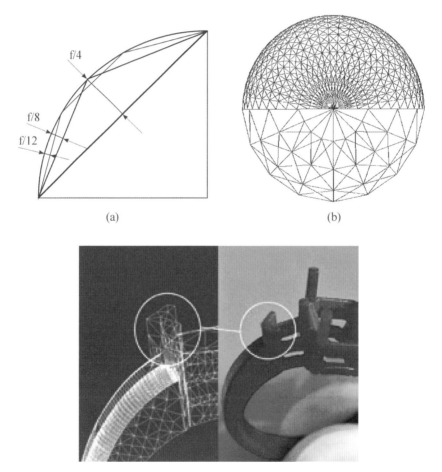

(a)　　　　　　　　　　　　(b)

圖 3.4　三角網格化 (triangulation)；圓球網格化 (上)；原理 (a) 與在球體上不同三角型尺寸的影響 (b) 和使用在一個環狀零件網格化案例 (下)

　　STL 方式最突出的優點是在任何想要的座標可以容易的切割，這將開關了 AM 製程可根據層厚來切層 STL 數位資料。基於三角網格化作法，有些製程允許自適應性的切層方式。從原始 CAD 資料可以和基於三角形網格的切層相互依賴，這也被看作是另一項優點，因爲完整 CAD 模型不需要只因爲配合 AM 製程而作轉換。

　　從專業操作 CAD 系統獲取 STL 資料可能包含有錯誤，這未必是這項工作馬虎的緣故。如果 3D 資料集在不同的 CAD 系統之間頻繁傳送的話，錯誤是可能發生的。因爲目前有功能強大的修復軟體 (repair software) 可用，通常整合於 AM 檔案編輯的軟體，這已經不再是一個問題了。爲了提供給用戶是甚麼樣的錯誤或是甚麼樣的後果的概念，在 STL 檔案中最頻繁的錯誤如在圖 3.5 所示。

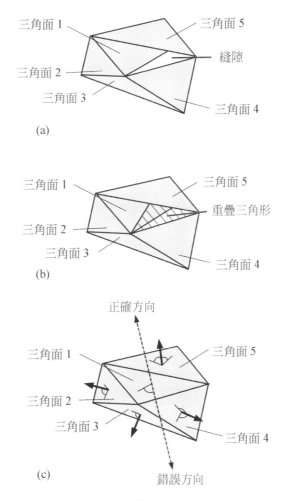

圖 3.5　STL 檔案的誤差：(a) 孔或縫隙，(b) 重疊三角形，(c) 錯誤的方向

由於不適當的配合，相鄰三角形可以顯示孔或間隙 (圖 3.5(a)) 或兩次定義或重疊三角形或部分的三角形。這種情況下的刀具路徑的疊層沒辦法正確的計算，將會造成誤差，或最壞的情況就是在還沒建構完成之前就停止。在三角形交線的部分也會產生類似的問題。

兩個邊界壁面之間的空間中定義出一個零件的體積。由法向量得知內壁和外壁之間的區別。如果法向量方向有錯誤，那零件可能顯現出是個孔洞、雙重壁厚，或是一些不可預知的幾何圖形細節，如圖 3.5(c) 所示。所有這些誤差可以很容易的分別從樣品圖示上或簡單的零件中發現。但是在真正零件都不是簡單型狀，因此，那些錯誤並不明顯也很難發現。因此，在建構之前應該要驗證好正確的數位資料。

除 STL 資料外，不同的制定方式像是 VRML 或直接式輪廓導向直接切層數據，如 SLC，也都常被使用。其他常用的檔案像是 .WRL、.PLY、.MAX 和 .SLDPRT 等等。更詳細的可以從其他文獻中找到。

■ 3.2 積層製造技術之相關應用

當談到關於 AM 的應用時，工業應用則為重點。除了這個專業途徑，也有越來越多的用戶及企業的分支機構因此而選擇 AM 作為一種工具，以加強他們的業務以及將新的想法實現。他們大多能表現出迷人的應用方式與零部件，並成為他人新的解決方案和靈感的真正驅動者。本節試圖記錄工業界努力下來的成果及新的應用層面以支持 AM 技術的傳播。因為現今幾乎所有行業的各個分支都使用 AM，此處的實例介紹只展示了其可能應用的一小部分選項。

3.2.1 汽車產業與供應商 (Automotive Industries and Suppliers)

當 AM 於 1980 年代末出現時，汽車製造商和供應商都已成為他的初始使用者之一，這是由於他們需要設計以及重新設計，且他們都已經很專業性的使用 3D CAD 系統進行作業了很長一段期間。因此，對於汽車代工製造廠商 (OEMs) 及供應商而言完整的數據檔案傳遞並不是問題。現今更加重要的原因是由於多樣化產品變化的發展，使原型的需求大量增加。原型部件應用在內部評估以及支持與供應商之間的談判。客製化的重要性日益增加並提高了 AM 工件的問題，這是為了避免模具花費及其相關的在時間和金錢上的成本。

3.2.1.1 汽車內部零件

汽車內部設計非常有利於汽車的特點，因此常常導致和影響最終的購買決策。與外形設計相反，它主要是由許多供應商所提供的大量零件構成的。多數零件的最終經由射出成型。因此，AM 部件主要用於檢測和展示汽車的概念。儘管如此，由於系列變得越來越小和變型的次數增加，越來越多的 AM 部件直接用於最後的汽車上。雖然所有 AM 流程可用於製造汽車內部零件，尤其是雷射燒結和光聚合是最常使用的方式。雷射燒結通常會引導至可直接使用的零件，而光固化成型或聚合物噴印部件的部分則通常用於需二次處理的主模。

圖 3.6(a) 顯示個 1：1 比例的用於無線電或空調控制裝置的儀板表插入件。因為幾何形狀取決於汽車是如何被裝配，這意味著它取決於買主的喜好和預算，許多變異與許多不同的部分需要相應地驗證最後的設計變化。

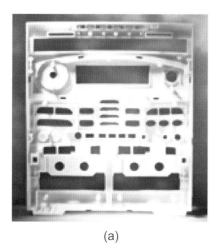
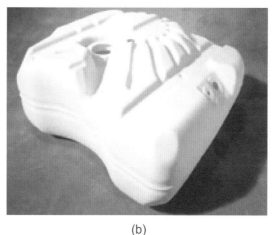

(a)   (b)

圖 3.6 儀板表的插入件；雷射燒結，聚醯胺 (a)；油箱。雷射燒結聚醯胺 (b)。
兩者都是 1：1 比例 (資料來源：EOS)

圖 3.6(b) 的燃料箱是一個不可見的內部技術及非常複雜的部件。通常燃料箱具有以配合初步組裝後留下的空間。而額外的燃料液位傳感器必須整合油箱。因為它是一個非常大的 AM 部件，而不是很多的機器，如 EOS P760，能夠在一個建構過程中建

立它。另外，雷射燒結零件可以通過快速原型軟體進行切割，內置零件和通過膠黏組裝。有時這個程序甚至能夠使建構空間更為經濟 (縮小化)。油槽可加密封並用於試驗。使用聚醯胺雷射燒結導致如儀表板插件或燃料箱的可加載部件的製作，但也展示出了有限的外表品質。

與此相反，圖 3.7(b) 中的揚聲器外殼顯出了一個非常良好的表面質量，並準備用於一系列部件。它是由光固化成型完整的原型再複製而來的 RTV 程序而製成。AM 原型可提供詳細的幾何形狀和表面質量，而 RTV 製程能添加著色和可加載材料和部件的期望數目 (圖 3.7(a))。

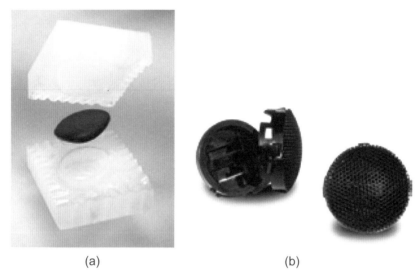

(a)　　　　　　　　　(b)

圖 3.7　揚聲器，光固化成型法為主體和矽膠模具 (a)，鑄造零件 (RTV)(b)
(資料來源：CP-GmbH)

室內燈以及頭燈和後燈，是設計改變及整型的主題。他們可以使用 AM 來進行高品質製成的，不僅只為原型，也能夠進行展示。如圖 3.8 所展示的，設計變化可以很容易地進行評估。照明模組中透明部件也是重要的因素，可以通過 RTV 製成甚至擴散紋理可以利用在矽膠模具的特殊插入進行應用。可動部件，如開關或透鏡架分別由相同的方法製備和組裝成的最後部分 (圖 3.8)。

燈座和蓋板可作為舊時代的零配件產品。

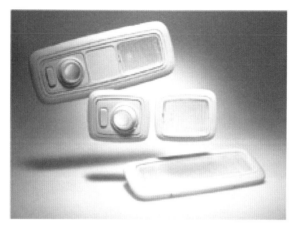

圖 3.8　室內照明；設計變化；插入件用光固化成型法和 RTV
　　　　(資料來源：CP-GmbH)

3.2.1.2　汽車外部零件

特別版的大批量生產的汽車往往不僅擁有更強大的引擎，但也受到外部零件，如前後擾流板和側裙展現其可見的性能。

以圖 3.9 所示為例顯示出了一系列可以非常小的配件，並且由於經濟原因，大量生產技術，如鋼的工具是不適用的。圖 3.9 中的前擾流板是由 AM 利用光固化成型製作而來。它由三個獨立的部分 (左，中，右) 組成，並使用標準尺規以組合成與母版相同之模樣。經由二次的 RTV- 過程之後，有一小部分系列的擾流板是由 PUR 製成被漆上與原汽車相同的顏色，並採用 OEM 的原始裝飾部件定案。

圖 3.9　修正車前的擾流板，雷射光固化成型法，RTV 和精加工，噴漆
　　　　(資料來源：CP-GmbH)

　　動力火車或發動機之金屬部件可以使用選擇性雷射熔融 (SLM) 的 AM 金屬加工以確保最終的品質。它們可以被用作熱測試部件或如在賽車間的小型系列競爭。作爲範例的圖 3.10 展現出了在方程式賽車之廢氣歧管在學生們所駕駛的賽車中使用。

圖 3.10　賽車的排氣管 (資料來源：Concept Laser/TU Fast e.V.)

3.2.2　航太工業 (Aerospace Industry)

　　因爲客戶要求特殊系列的設計，在航太工業也嘗試避免用模具方式而優先採用無模具的 AM 製程。

　　航太內部零件採用防火材料雷射燒結的直接生產是個具有意義的里程碑，它現在也能使用聚合和擠製製程。在許多飛機內部的零件，它們與汽車製造的零件的差別都不大。因此汽車應用的樣品零件對航太應用也可以做爲樣品。發展金屬和陶瓷製程在用於小部分區域或是引擎上都能夠直接製造出技術零件。圖 3.11 所示爲一個由金屬 3D 列印製作出之熱空氣管道，隨後附加熱處理。

圖 3.11　用於航空引擎的熱空氣導管，3D 金屬列印，後處理 (資料來源：FhG-IFAM, Airbus)

　　圖 3.12 所示為利用金屬燒結 (選擇性雷射熔融，SLM) 製作出燃燒室的元件，這也證實說使用 AM 技術可以做出複雜的引擎零件。

圖 3.12　燃燒室元件，選擇性雷射熔融，SLM(資料來源：Concept Laser)

3.2.3　消費性產品 (Consumer Goods)

　　現今，消費性產品不僅要執行它們應有的功能，也必須遵循一定的趨勢。它們必須被集中在一個特殊的消費群的需求，包括其最喜愛設計方向。

　　一個非常重要的部分是電子消費產品，像是手機，已經主宰整個市場。圖 3.13 顯現出手機外殼的研究，包括許多非常好表面品質的細節 (圖 (a))，這是準備用於二次 RTV 製程。要做到這點，光固化成型法將會是最熱門的製程，不管是使用光固化成刑法或聚合物噴印。都由 RTV 製程來傳遞所需的數量和著色的材料。

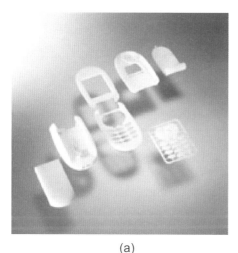
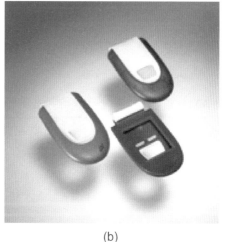

(a)　　　　　　　　　　　　　　　　(b)

圖 3.13　手機外殼，雷射光固化成型法為主模 (a)，由 RTV 的彩色複製件 (b)
　　　　(資料來源：CP-GmbH)

　　生活型態的產品定義另一個即將到來的市場。正如生活型態快速的改變，建議調查趨勢和生產之前的測試市場。因此原型是必要的。舉個例子，如圖 3.14 的雞尾酒杯，是由雷射光固化成型法所製作出精美的細節，像是它旁邊的裝飾。杯了本身就是為一個主模，使用 RTV 轉換成高度透明的材料，而杯座就只需要噴塗並安裝在電子設備。

圖 3.14　雞尾酒杯，雷射光固化成型法，
　　　　 RTV 和精加工 (資料來源：
　　　　 Pfeff erkorn/Toorank/CP-GmbH)

圖 3.15　燈，雷射燒結，聚醯胺
　　　　 (資料來源：CP-GmbH)

　　碗、花瓶、燈具等其他更具有裝飾性的物品對設計者來說會受到青睞，他藉由 AM 使用設計提供新的自由來克服幾何圖形上的限制。耐久的零件由塑料雷射燒結優先生產 (圖 3.15)，而複雜輪廓和透明或半透明的組合物 (圖 3.16)，則使用光固化成型或聚合物噴印。

　　基於 AM，量測資料的三維可視化即將形成一個新興的利基市場。對於這種模型，由 Z-Corp 公司的 3D 列印製程式非常有用的。因為零件可以連續性的著色，不必手動上色。相關例子詳見 3.2.9 節：建築與景觀。

圖 3.16　燈，雷射燒結，環氧樹脂 (資料來源：Freedomofcreation, FOC)

　　基於積層製造，地球儀顯示的新方法得以製作出來。圖 3.17 顯示出地球的兩個模型，以點帶面的細節顯示地球上的陸地部份和海域，高山和海床之地形線都使用放大的比例來表示。為了能夠做出表面上的精細尖狀細節，光固化成型法為首選。因此，手工著色將是必要的。積層製造允許顧客選擇他的最佳比例。

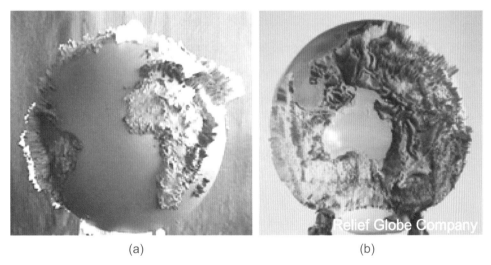

(a)　　　　　　　　　　　　　　　　　(b)

圖 3.17　地球地貌：高山 (a) 和海底地形 (b)，放大 250 倍；雷射光固化成型法和後處理
　　　　(資料來源：1worldglobes)

　　取決於應用場合，其他積層製造製程也是可以利用，像是聚合物噴印或是雷射燒結等等對耐久且薄的結構，例如體育場屋頂的結構如圖 3.18。

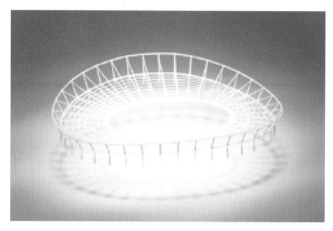

圖 3.18　體育場的屋頂結構；雷射燒結 (資料來源：CP-GmbH)

　　科技始終來自於於人性，當產品與個人需求愈靠近，兩者之間的相互作用將會變得更密集，同時也會產生更多個別的特色。為了製作需要的零件，模具和壓鑄等受限開模製造的方法不再適用。這開闢了積層製造製程的優勢，它可以在一個建構製程裡製造出大量不同的零件，即使每個零件它們都有個別不同的地方。圖 3.19 可以看到太陽眼鏡這個例子，是由水轉印貼紙技術來完成精加工。

圖 3.19　客製化太陽眼鏡；雷射燒結；由水轉印貼紙技術精加工
　　　　 (資料來源：EOS)

　　圖 3.20 的花俏涼鞋是個獨立設計的新潮鞋子原型，並且它們也可以依照任何尺寸和高度來製作。由於這些零件能直接使用，可以直接看做是個產品，這正是我們所

說的快速製造。雖然這些例子是由聚醯胺的雷射燒結做出，現今擠製成型與聚合製程和材料都可以使用。

圖 3.20 "巴黎涼鞋"，高跟鞋；雷射燒結；聚醯胺
(資料來源：Freedomofcreation, FOC)

3.2.4 玩具產業 (Toy Industry)

雖然玩具也算是個"消耗品"，但玩具產業通常是有獨立的地位。它直接處理的是各種小孩的塑膠玩具，但也有越來越多甚至是給成年人的客製化模型，像汽車、飛機和火車。這些模型需要精細的細節和靈敏的縮放，處理小細節和較大的部位均有所不同。根據比例大小，也可能不同積層製造製程會比其它種類更適合。圖 3.21 顯示了 G- 比例 (1：22.5) 模型玩具蒸汽引擎火車，包括裝載架大約在 1.5 公尺長。選用疊層製造對零件生產是較好的選擇，因為材料便宜且細節不用太小。對於模型種類，物理特性和幾何圖形精度不是太重要。

圖 3.21 G- 比例 (1：22.5) 火車蒸汽機玩具模型；層狀物件製造 (LOM)；
紙，後處理上漆 (資料來源：CP-GmbH)

減少比例縮放，像是最熱門的標準 HO 玩具火車 (1：87)，需要更精細的細節模型。即使是樣品，光固化成型法是必要的。圖 3.22 顯示玩具火車引擎，它是從圖 3.21 完成後製程後完成，後面部分後製程用清洗，前面部分的後處理採用研磨和著色。

圖 3.22　HO 比例 (1：87) 玩具火車蒸汽機；製程後光固化成型零件 (後段)；
後處理零件藉由研磨、裝飾和著色 (前段)(資料來源：CP-GmbH)

3.2.5　藝術與藝術史 (Art and History of Art)

藝術家都是首次使用積層製造製程提供不受限制的幾何形狀。加州藝術家 Bathsheba 使用金屬 3D 列印來製作獨特的物件，再經過後處理得到特有的表面效果。她的物件就都是最終產品，經由網路來販售。

選擇金屬是因為它的重量認為比塑料更有價值。如圖 3.23(a)，零件可以看得出來是由 3D 列印製程製作。在圖 3.23(b) 強調使用精細加工會得到獨特的外觀。

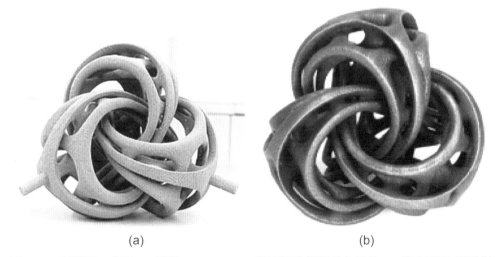

(a)　　　　　　　　　　　　　　　(b)

圖 3.23　藝術品；金屬 3D 列印)(Prometal)；積層製造製程後的零件 (a) 和由表面處理後的
後處理與精加工 (b)(資料來源：Prometal, Bathsheba)

人體雕塑的 3D 資料可以透過 3D 人體掃描來輕易獲得。這是藝術家 Karin Sander 在 "Staatsgalerie Stuttgart" 設計展所做出的。這個展覽品是透過觀眾遊客的人體掃描與 3D 列印來產生的。所以在設計展開幕的時候，展示台都是空空如也。在最後結束時，所有展示台上都是觀眾遊客的比例縮尺的人體雕塑。對於這一點，單色 3D 列印是非常適合的做法，因為它快速、便宜且細節製作是很足夠的。圖 3.24 顯示了一組人體雕塑。

圖 3.24 人體掃描和 3D 列印 (Z-Corp)：石膏 - 陶瓷
(資料來源：Karin Sander/FH-Aachen University of Applied Sciences)

即使藝術家的創造力可以透過積層製造來成功實現。要制定出一個雕塑品，首先要手工製作模型可以掃描且轉化成由積層製造製程做的聚醯胺 (由燒結) 材料模型或材料接近石膏 (由 3D 列印)。這個主模可以手工打造出以藝術家所要表達的意圖，然後透過一個蠟模來轉移到由黃銅製成的小系列作品。在圖 3.25 由紐約藝術家 Alysa Minyukovan 所製作的 Alexander Pushkin 的雕塑。

圖 3.25 藝術家 Alexander Pushkin 的雕像，由紐約的 Alysa Minyukova 使用積層製造和傳統製程步驟來製作：雷射燒結 (左邊)，由蠟主模再從 RTV 取得 (中間)，最終的雕塑品 (右邊)(資料來源：Alysa Minyukova, CP-GmbH)

特赫 (Teje) 人頭肖像 - 娜芙蒂蒂 (Nefertiti) 的婆婆，是柏林埃及博物館的神秘保存展覽品之一 (圖 3.26 左)。它是由木頭做成的，再一個紙製帽子下還隱藏覆蓋另一頂銀帽子。實際上帽子已經被視為古董，也同時表示當她的丈夫國王阿諾菲尼斯三世 (Anophenes III) 去世後她在社會上的地位變化。在西元 1920 年，科學家使用 X 光來研究，但是仍沒有在 3D 的狀況下獲得完整印象，尤其是在帽子下方。由於本研究不能讓帽子被破壞，斷層掃描、3D 重建和基於斷層掃描資料的積層製造光固化成型法獲致多片模型可回答公開的問題，並放置在博物館原物件的旁邊 (圖 3.26 右前方)。

圖 3.26　特赫的頭部肖像。原本紙製帽子是覆蓋的頭像 (左後)，光固化成型零件顯示了在下面的隱形銀帽子 (資料來源：Egyptian Museum Berlin, CP-GmbH)

3.2.6　鑄造與鑄造技術 (Foundry and Casting Technology)

鑄造使用積層製造製程來獲得原型和稍後產品的樣品 (3D 形像) 或是來製作產品就像是鑄件的砂芯和孔穴。如果只是要展示零件的話，所有的積層製造技術都可以做得到。如果零件不是要承受機械負載，而且樣品要既便宜又迅速，3D 列印是為首選。應用的層級就是快速原型 / 實體形像。

積層製造主要為砂模鑄造和精密鑄造提供新的推動力，因為它所需要砂芯和孔穴就可以快速簡單的製作出來。積層製造零件的增加複雜性使得過去無法以手工製作或使用特殊工具製作之幾何形狀得以實現。由於積層製造零件的簡易縮放，消失鑄芯和孔穴可以很容易的來最佳化。對於砂模鑄造的應用，常使用雷射燒結或鑄造砂的 3D 列印，而對於精密鑄造消失鑄芯則是使用可溶解的聚合物或是可熔化的熱塑性蠟或樹酯。

消失的圖案是由雷射燒結聚苯乙烯型式來製作。如果使用蠟來滲透，3D 列印零件將是非常有用的。當砂芯和孔穴要用於生產的話，應用層級就是快速製造 / 直接模具。

消失砂芯和圖型也可以用以基於積層製造為主模加入矽膠模具的射出蠟來製作。如果能夠正常的完成，那所有的積層製造技術皆可應用。

3.2.6.1　砂模鑄造 (Sand Casting)

對於砂模鑄造製程，積層製造提供支持的兩種趨勢，整個製程的數位化和鑄件複雜度的提升，需要精確和細緻的砂芯和孔穴。

圖 3.27 顯示，現今鑄造製程鏈是基於完整的 CAD 和從 CAD 模型直接得到所有的資料。因為有積層製造製程製作砂芯和孔穴，可以直接從數位資料製作想要的數量來生產精密的零件。

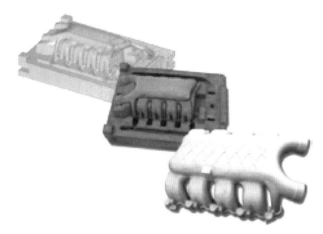

圖 3.27　基於 CAD 的鑄造製程鏈。3D CAD 模型 (左上)，砂芯和砂穴的積層
製造 (中間)，鑄造零件 (右下)(資料來源：Prometal)

減少鑄件的壁厚，圓角和自由形狀的砂芯，這將定義了鑄造的第二個趨勢。由於手工製造的部分和組裝的因素達到極限，積層製造砂芯和孔穴填滿是必要的。除了幾何複雜性，砂芯在模具組合和鑄造製程中必須要剛性且耐用；然而在零件固化之後可以很輕易的移除 (破壞)，這使積層製造參數的適當化設定可以進行最佳化。

對於砂模鑄造應用的積層製造製程最佳化就是使用鑄砂的 3D 列印和雷射燒結。

燒結是通過使用一個修改的雷射燒結設備和聚合物被覆的砂。這種聚合物作為熱活性黏著劑。各種二氧化矽和鋯石砂是可用的。圖 3.28(a) 顯示由雷射燒結做成的砂芯。在圖 3.28(b) 可以看見一個氣缸蓋冷卻水套的砂芯可以和鑄件一起。這些圖片顯示的很複雜，但是積層製造製程之精細結構很類似於藝術作品。由於處理是相當細膩的，應該要避免運送以及積層製造鑄砂製程必須在鑄造廠直接安裝好。

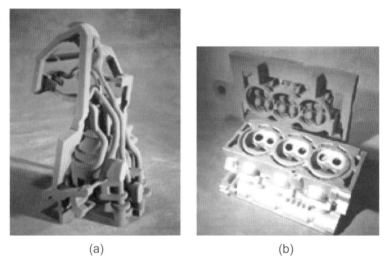

(a) (b)

圖 3.28 由鑄砂雷射燒結的砂芯 (a)，氣缸蓋水夾套的砂芯 (b，後面)，
鑄造零件 (b，前面)(資料來源：EOS)

圖 2.3 顯示透過 EOS 做出的鑄砂燒結設備非常像是金屬燒結設備。

從鑄砂廠製作出零件的 3D 列印製程類似於粉末黏合製程如第 2.1.4 節中所述。由多噴嘴噴頭列印並依次噴出黏著劑。這個製程是相當迅速且可以局部的參數最佳化。圖 3.29 即是由 Prometal 製作的 3D 列印設備。

圖 3.29 鑄砂燒結的 3D 列印設備 (資料來源：Prometal)

　　如同雷射燒結，每個砂粒都是被覆著聚合物黏著劑，取決於零件的幾何形狀，每單位體積下的黏著劑量是固定的。利用 3D 列印，聚合物黏著劑根據零件的幾何形狀來噴印並可以更靈敏的處理。

　　如果是基於傳統框盒的砂模鑄造製程並使用永久模型時，在第 2.1.5.1 章節所述的 LOM 製程可以使用。由於它的材料像木材，所產生的模型可以手工處理像是個傳統的木模型。這個製程是相當緩慢的但是材料是很便宜。

3.2.6.2　精密鑄造 (Investment Casting)

　　精密鑄造與傳統上的脫蠟鑄造是相鏈結的，而今天的"蠟 (wax)"是行為類似於蠟的熱塑性材料 (thermoplastic material)。"蠟"列印機像是 3D Systems ProJet 家族或是 envisionTEC's perfectory 公司，實際上是根據聚合製程提供蠟樣結構，可以藉由熱來熔解。圖 3.30 顯示對珠寶應用的精細結構零件。手工組裝像是樹般的組裝件是積層製造蠟模型組裝包括澆道、閘口、澆口流道，全都是由蠟做成的，可以在清潔之前看到整個鑄造系統。

圖 3.30　從積層製造模型製作的鑄造系統使用蠟澆口，澆注流道和匣口 (a)，清潔前的鑄造 (b)(資料來源：3D Systems)

　　作為代替方式，消失模型 (lost patterns) 是由非結晶材料的雷射燒結來製作，像是聚苯乙烯 (EOS，3D Systems)，或是使用 PMMA(聚甲基丙烯酸甲酯) 的 3D 列印製程 (Voxeljet)，它們可以用燒掉外殼的方式來移除(如圖 3.31 及圖 1.20)而產生很少的灰燼。

　　積層製造主模可以轉化成蠟模型如同在傳統鑄造上的應用方式，在圖 3.25 顯示為藝術家 Alexander Pushkin 使用的這項技術來完成他的雕塑品。

圖 3.31　消失模製程；聚苯乙烯雷射燒結作出齒輪箱的積層製造主模零件 (左邊)；
　　　　　鑄造件 (資料來源：EOS)

3.2.7　塑膠射出成型與金屬壓鑄之模具製造

　　"模具" 這個術語在這裡定位為系列產品的模具，因此它不包括原型模具和軟模具像是 RTV(參見第 1.3.2 章節和第 2.2 章節)。製作模具和鑄模基本上在意味著產品數位資料的轉化。模具 (母模) 可以使用相同的積層製造製程來製造零件 (公模) 來完成。主要是由於市場原因該技術被賦予了獨立的標記：快速模具 (參見第 1.2.3 章節)。要注意的是積層製造不提供完整的模具但是模具鑲嵌件、滑動件和類似金屬模元件是很重要的。作為傳統的模具製造 (mold making)，由直接模具法製作的模具可以是以積層製造為基礎的孔穴構件與作為模具鑲嵌件之標準件完成的組合。

　　積層製造系列模具和插入件最大優點是透過所謂的隨型冷卻 (Conformal cooling) 通道的製造減少週期時間。因為切層的技術，任意形狀的冷卻通道可以設計和製造接近於模具表面。模具冷卻通道的需求幾何形狀既不直也不圓，因為它被要求便利於鑽孔。圖 3.32 顯示出製造模具的改進。鑽出的直通道，其中還需要一個密封塞，藉由隨型冷卻通道來取代鑽孔水道以順應自由曲面和達到預期散熱量。這零件是由工具鋼材料及 SLM 製程來製造，並且測試生產的運行。從這個生產運行的模擬證實在 (圖 3.32) 實踐中可以看出，隨型冷卻通道佔了極大影響熱的管理，在這特定的實例中導致週期時間縮短了約 30%。

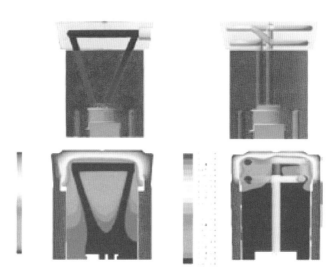

圖 3.32 隨型冷卻；用傳統方法鑽出直線冷卻通道 (左上)；由積層製造作出隨型通道 (右上)；CFD 模擬底部。注意溫標的不同 (資料來源和詳細資料見 /Geb09/)

圖 1.14 顯示另一個複雜的隨型冷卻模具。這是利用 1/2 模具插入件的真空吸塵器罩。

深窄凹槽需要冷卻以能夠執行快速且安全的釋出零件。設計隨型冷卻通道 (藍色) 後，也幾乎沒有空間來鑽彈射銷的孔洞。因此，空氣管道被設計為允許氣動彈射銷 (白色) 的操作。圖 1.14 右側顯示由選擇性雷射熔融的積層製造零件製作。

如圖 3.33 隨型冷卻理念的進一步發展將導致複雜的通道系統。在圖 3.33(a) 是 CAD 設計和圖 3.33(b) 是積層製造零件的剖視圖。為了製作這類型的零件，雷射熔融是非常受喜愛的製程。如果設計合理，結構中空部分可以不用支撐來建構且因為是鬆散粉末所以容易清洗。如果模具將需要材料，尤其是模具鋼和鋁，都可以由積層製造來製作。

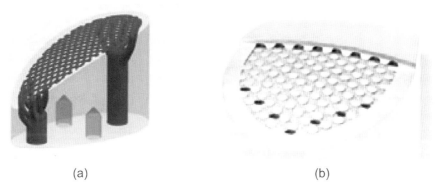

(a)　　　　　　　　　　(b)

圖 3.33 隨型冷卻的通道內部網格：CAD 設計 (a) 和生成零件的剖視圖 (b)；選擇性雷射熔融 (資料來源：Concept Laser)

3.2.8　醫學應用

　　人類仍是一個個體，需要個別處理客製化的醫療輔助，包括像是植入物、假體、矯正器 (腿支架) 和其他等等。爲了可以適當的配合，在 3D 資料獲得需要由醫療影像處理 (medical imaging processes) 擷取，例如電腦斷層掃描 (computed tomography, CT) 或超音波 (ultrasonics, US) 來取得。醫學影像通用格式爲 DICOM。特殊軟體可以讓一個合適的門檻值選擇和 3D 重建，提供了基礎供轉換成一組 STL 數位資料，可以在任何積層製造設備上來進行處理。

　　因爲良好的表面品質和細緻的重建能力，雷射光固化成型法 (laser stereolithography)(圖 3.34(a)) 和聚合物噴印較喜歡選用於醫療模型如頭骨和其他的人體骨骼結構。內部中空的結構，例如前額竇或精細次顱骨結構最好方法就是用這些製程再呈現。

　　雷射燒結、3D 列印、熔融沉積成型 (fused layer manufacturing)(擠壓、FDM) 或是層狀物件製造(LLM)已經常使用來製造醫療模型。但對於燒結和FDM有特殊要求，需要認可的材料及必須要醫療可用消毒的。

　　圖 3.34(b) 是使用 3D 列印做出的頭顱，它和圖 3.34(a) 使用光固化成型法做出的頭顱用相同的數據資料。可以很清楚的看見差異性。3D 列印可提供細節部分較少且表面粗糙。這不是個透明物件。這是否是個缺點取決於預期的用途；然而，它是個快速且便宜的技術。

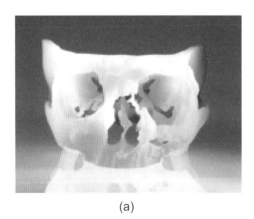 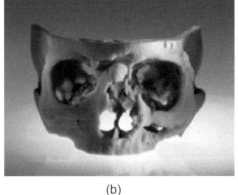

(a)　　　　　　　　　　　　　　　　(b)

圖 3.34　用 CT 資料傳送出人頭骨，再由光固化成型法 (a)；3D 列印 (b)
(資料來源：CP-GmbH)

選擇製程使用主要取決於物件是否必須是透明的？是要求怎樣的表面品質？是否需要消毒？如何定位它的永續發展？醫生們需要製作模具作為訓練？預算多大？這些都必須要逐一的討論。

圖 3.35(a) 顯示了一個醫療應用 (medical application) 的例子：人體頭顱的模型使用雷射光固化成型法，其用途在外科手術的術前規劃。使用鈦材料製作客製化的植入物來配合裝到頭顱裡。植入物 (Taylored Implant ™) 從以積層製造為主模的脫臟鑄造來取得。一個光固化成型法頭顱模型可以確保植入物的適當的裝配。或者另一種做法，參見圖 3.35(b) 植入物可以透過特殊軟體例如 Materialise 所提供的模擬物來設計，且使用雷射熔融技術例如 SLM 或 EBM，材料用鈦或鈷鉻來直接做出。

使用中間物蠟模型，然後鑄造出植入物 (圖 3.35(a)) 具有的優點是在醫生手術之前可以對蠟模品質檢查和簡單性的調整，而使用鈦來直接燒結積層製造植入物則已經是最後一個步驟。

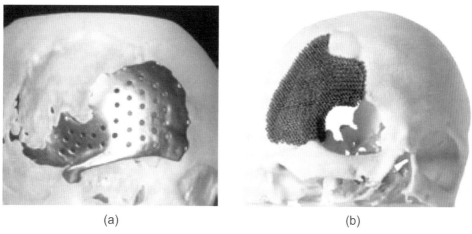

(a)　　　　　　　　　　　(b)

圖 3.35　醫學建模和客製化植入物。用鈦材料精密鑄造的 AM 蠟模型製作客製化頭顱 (a)
　　　　和 EBM 的直接製作 (b)(資料來源：CP-GmbH/ARCAM)

3D 列印開闢了對整形醫學家和其他使用最終鑄造作單獨形狀物件的專業人士產生有趣的機會。缺少器官和器官部分的數位資料是從醫療影像、軟體 3D 重建與隨後的 3D 建模來獲得，例如 Sensable 公司。這些資料較喜愛的方式都是用鏡面影像法 (鏡射) 獲得。所需的人造器官必須單獨適應每位病人的情況。為了縮短這個過程，要允許整形醫學家專注於他或她的核心技術，所設計物件由 3D 列印來製作且視為一個生胚件。

蠟滲透物件之後，它可以藉由添加或移除蠟的方式來簡單的手工修正。圖 3.36(a) 顯示了在 3D 列印和蠟滲透之後所謂的 "原始耳" ，而在個別蠟模翻鑄作出矽膠材料後的最終假耳 (圖 3.36(b))，並做最終的裝飾。

雕刻家為了獲得一個已訂製的蠟主模作最後鑄造，也是使用相同的過程。

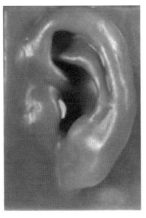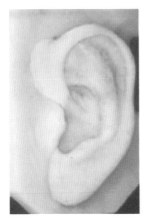

圖 3.36   假耳，3D 列印及蠟滲透後的 "原始耳" (a)；由蠟模翻鑄作出矽膠材料的最終假耳 (b) (資料來源：CP-GmbH; Bier, Charitée, Berlin)

3.2.9   建築與景觀 (Architecture and Landscaping)

建築師通常由比例模型來展示他們的創意。因為他們的工作都是以 3D 設計軟體創作，與積層製造的 3D 資料可直接獲得，模型製作可以使用積層製造模型或模型構件來明顯獲得改善。

圖 3.37 顯示了一個清真寺的模型。它非常的複雜，薄壁部規則形狀的結構很難使用傳統的模具來製作，所以必須使用積層製造。選擇雷射燒結來製作一個精細的模型，它能夠確保一定水平的牢固，並且預防觸摸來造成的損壞。雖然立方體型元件需要進行燒結，但是他們也可以用銑削來製作出，讓它變成一個所謂的混合模型。這模型主要是用於專案的公開發表。

圖 3.38 顯示另一個例子是由雷射燒結做出規劃的旅遊中心。這只是該計畫概念描述與 3D 效果彩現展示的部分。由雷射燒結做出的清真寺比例模型也是基於相同的理由。如果支撐架要相應設置的話，光固化成型法或 FDM 亦均可使用。因為精緻細

節部分像是欄杆，3D 列印將會造成問題。聚合物噴印能提供較好的零件，但是需要較多的支撐材料。

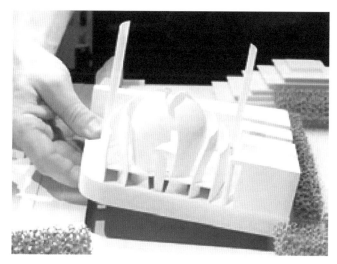

圖 3.37　建築模型，清真寺，雷射燒結 (資料來源：Deutschlandwoche, 10/2007)

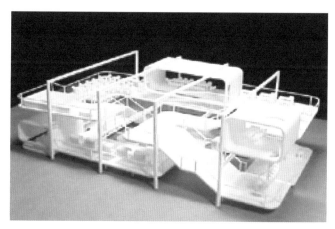

圖 3.38　對於旅遊中心 3D 概念顯示，聚醯胺雷射燒結 (資料來源：Bernhard Bader)

　　除了單一建築物的造型或建築物的部分，越來越多的應用是把房屋、村裝和景觀結合在一起模型的製作。這些需要著色的地方，無論是指出建設的好處或是指示地標。如果不用精細幾何細節要顯示出來的話，彩色 3D 列印往往是最好的選擇 (圖 3.39)。

圖 3.39　建築，在農村環境中的兩座房子 (資料來源：Z-Corporation)

　　這些資料都可以從任何形式的地理資訊系統 (GIS) 或是網路上來取得，例如 Google Earth 或 3D warehouse，並使用各種積層製造製程來顯示其 3D。其中，積層製造能夠提供 3D 顯示, 包括：任何人的家、家鄉的外觀，或是朋友所在地、顯眼建築物、橋樑等等更多資訊。它們可以透過軟體來單獨著色，以創造擬突顯的重點。如圖 3.40 所示。

圖 3.40　城市景觀，個別著色標誌性建築物 (資料來源：Z-Corporation)

3.2.10 其他應用

因為利用積層製造製程去製造零件的唯一先決條件是必需先有 3D 數位資料，任何有效資料的來源都可以支援 3D 物件。因此，幾乎每個產業的部門都會掌握這個優勢。為了強調這一點，一些特別的應用將如下述提到項目。

數學函數和 3D 圖形 (3D graphs)

當顯示一個三維的實體物件時，數學函數可能變成非常的有吸引力。圖 3.41 顯示由雷射光固化成型法製造最小表面函數的積層製造模型，所有的積層製造製程都可以傳遞好的表面品質且不使用支撐也可以達到這個目的。

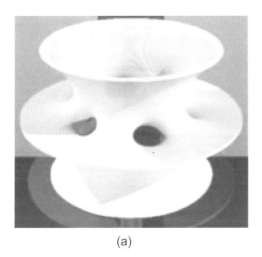 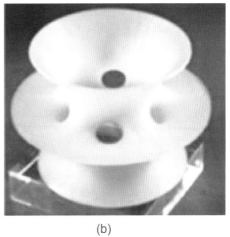

(a)　　　　　　　　　　(b)

圖 3.41　最小表面函數的 3D 模型，電腦輔助設計效果圖 (a)；光固化成型模型 (b)
(資料來源：David Hoffman and Stewart Dickson)

3D 裝飾 (3D decoration) 和飾品 (Ornaments)

隨著 Z-Corp 公司 3D 列印製程的可用性，積層製造製程可用於不只允許處理幾乎所有幾何形狀，也可以連續上色，能夠成為上色的裝飾零件或飾品，例如圖 3.42 的蛇結。這樣的紋理快速達到 STL 資料能力的極限，也很難傳送點陣圖 (BMP)，因此典型使用的的格式為 .ply 或 VRML。

圖 3.42　裝飾元件 "蛇結"：3D 列印上色
(資料來源：Z-Corporation)

空氣動力學和自由曲面元素 (Freeform Elements)

　　積層製造的最大優點之一是可轉換任何的自由曲面，用於改善空氣動力學或創造一個幻想像的設計成實體部分，若干最後的應用如圖 3-15、3-20 和 3-23 所示。

　　今天，新的飛機概念是從第一手的草圖根據 3D 電腦輔助設計和模擬工具而成，除了電腦圖和彩現圖，還提供一個良好基本理念的印象，一個縮放的模型被用於溝通概念和改善對比例的感覺，在圖 3.43(a) 飛機單個引擎的概念可以被看成彩現和符合積層製造零件 (b)。這個零件是雷射燒結，因此，所呈現的自由曲面不用後處理。

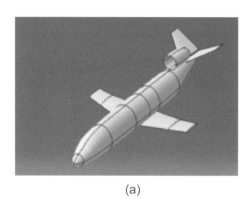 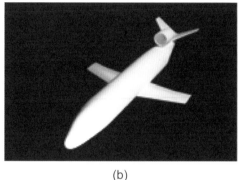

(a)　　　　　　　　　　　　　　　　(b)

圖 3.43　單個飛機引擎概念；效果圖 (a)；積層製造零件，聚醯胺雷射燒結 (b)
(資料來源：Philipp Gebhardt, University of Stuttgart)

　　圖 3.44 顯示一組縮放零件，由空氣動力學改善的賽車在風洞作測試，縮放測試提供快速和便宜的第一印象，並有助於集中最大的效果，以減少測試時間和金錢。選擇光固化成型，因為零件有良好的表面品質且零件只經歷較中級的機械負載。

圖 3.44　由空氣動力學改善的賽車的自由曲面部件；在風洞測試；零件：光固化成型
(資料來源：3D Systems)

■ 3.3 結論

作為每個產業的分支已使用或不久將使用電腦和以 3D 資料為基礎上工作，對於使用積層製造製程最重要的先決條件即將完成。所以，每個產業的分支都是積層製造的潛力使用者並且遲早會採用這個技術的優勢。

這些提供案例強調在產業的分支和積層製造製程沒有固定的連結，哪種的過程將是最適合的必須是由個案去決定。有時候是更複雜的，因為儘管由不同的積層製造製程在某些應用程式會得到相同的結果，但在其他情況下只有一種合適的製程。所以積層製造製程必須根據零件選擇而不是產業分支。

■ 3.4 問題

1. 為何積層製造原型可以用相同的設備、相同的製程以及相同的材料來製作出積層製造產品？

   答：無論零件是原型或是產品，不是取決於所用的設備或是材料使用，而是基於零件設計。如果它滿足積層製造設計規則且積層製造材料資料，它將是一個產品。如果它是根據隨後的系列製造方法和系列材料來設計的話，就可以從積層製造到積層製造材料來製作，這將是從積層製造設備和材料的獨立原型。

2. 哪種積層製造製程對於砂模鑄造來較好來製造鑄芯？為什麼？

   答：雷射燒結和鑄造砂的 3D 列印和聚合物黏著劑。它與通用的砂模鑄造材料都是一樣的。

3. 為何產業分支都選用光固化成型法？

   答：積層製造製程的應用，例如光固化成型法，它不是產業分支的問題，但是零件的特性。如果必須要處理精細細節，也要有良好的表面品質，並且低溫製造出零件，那麼光固化成型法就是首選的積層製造製程。這是適用於任何產業領域。

4. 哪些材料可以使用金屬雷射燒結或是雷射熔融製程？

   答：雷射熔融能提供緻密的金屬零件。它已經被開發來處理市售的金屬粉末。如果粉末已經驗證過的話，那麼多種共混物的合金就能夠使用。由積層製造設備的製造商所提供的粉末也是能夠使用的。材料是軟鋼、工具鋼、不鏽鋼、鈷鉻合金、鈦、鋁或其他材料。銅材料理應該是被列入為市場。

5. 製程需要的 3D 資料是從哪裡來的？

   答：在工程領域中，資料大多數都來自 3D CAD 設計，並且可以直接從 STL 後處理器的 CAD 資料來導出。在醫療領域中大多數資料都來自於活體的 CT 掃描。在產業中有一種越來越趨向於使用專門 CT 的掃描儀，因為這能夠非破壞性的整體資料驗證。

6. 有什麼積層製造製程能夠做出彩色零件？

   答：如果只有一種顏色的話，大部分的積層製造材料都能夠做得到。FDM 製程是很容易做到的，因為它上色材料是可用的且可以迅速的改變。如果光固化成型法或燒結需要的話，整個建構槽壁需填滿所有的想要材料。

   兩種顏色，因為是兩種材料，可以使用 Objet Connex 設備來製作。多色零件可以使用 Z-Corp 公司 3D 列印製程來製作。它甚至可以處理基於位圖的紋理。在下面那排，顏色剛好放置在表面上。

7. 建築師多年來使用比例模型來開發非積層製造的模型技術。那如何提高積層製造的建築模型？

   答：所有架構模型的零件可以使用非積層製造技術來完成，例如切割和銑削，通過這些方法應該能製作。當要求自由曲面或是非常詳細的零件，積層製造還是較優的方式。在實踐中，模型會從積層製造和非積層製造零件來組成。如果需要著色的話，應該避免用手工繪圖，使用 3D 列印是相當好的。

8. 對於製造小系列的零件或零件有特別的性質像是透明度或彈性，通常不適合用於積層製造製程。如何能在這樣的情況下使用積層製造？

   答：AM 能在短時間內提供一個非常好的幾何模型。如果它不能直接應用，作為一個主模型對二次快速原型製程可以用來使用。

9. 兒童玩具和成人的不同是如何做的？積層製造是如何影響？

   答：成人玩具主要是展示用，即使在原型階段，對於細節和蕾絲結構也都非常要求。這就是為什麼聚合常常用在這些應用上，而兒童玩具必須要更加堅固耐用，通常在原型階段就要展現出來。這種情況下，會選擇使用燒結或塑膠擠製。

10. 什麼是腦部手術醫用植入物製作的兩個基礎積層製造方法？

   答：基於資料的缺陷，由聚合精密鑄造的蠟模型為主體或無定型的蠟燒結或是蠟，然後藉由鑄造變成鈦零件。可以由雷射熔融代替直接製作植入物。直接積層製造生產速度很快，且脫蠟鑄造也是相當便宜。如果需要較大的變化，使用鑄造來製作可以非常快速修整與重做而且低成本。

11. 積層製造和隨型冷卻是如何連接？

   答：盡可能在模穴的的模型下隨型冷卻需要 3 維度通道。像這樣的形狀通道不能透過鑽孔或鑄造，雖然有些是例外。能夠製作像是通道的方法就只有層方向積層製造。它需要金屬雷射熔融製程。

4 積層製造設計與策略

　　本章節將討論藉由積層製造製程啓用或支持的一個新產品設計 (product design)、開發、生產的新策略。除了第 3 章所提到的相關應用以外，此一設計與策略可以被視爲積層製造應用的系統途徑。

　　根據積層製造的潛力，展示了提供給具有替代性或者新設計特徵之新產品策略。其目的是在帶動讀者將指定的案例運用在自己的產業中，這樣做，它可以利用積層製造的方式在較短的時間設計出功能更好有潛力的產品。不同的及新的製造方法能夠建立一個完全不同的製造商與客戶新關係的潛力。一個新興的戰略也予以討論。

　　本章利用積層製造中的 5 個基本族群的知識，和第 2 章積層製造製程鏈來討論。

■ 4.1　積層製造技術潛力

　　如第一章所示，積層製造是直接由 3D CAD 檔直接轉爲實體物件，3D 物件能夠被當作爲原型或最後工件 (即產品) 來使用。原型能夠只是 "3D 立體影相" 或者 "似雕像物件" 的功能，但也許已經選擇的功能，最終物件或產品則必須能夠顯示出當在設計的過程中賦予它的功能性。工件可以是公的 (零件本身) 或是母的 (模具或壓模)。在第 3 章裡面能夠被應用的案例非常的廣泛且多樣性，這些都是爲了要讓特定族群之使用者能夠容易的去辨識，所以選擇了有關特定工業專用的例子來舉例。

　　但是積層製造不只這樣，它提供了另一個有潛力的工業革命[1]，它使每個人能夠任意的去創造出任何形狀的物件，而且可以製造出他們所需要材料及數量，可以在任

---

[1] 雖然在 18 世紀初的第一次工業革命被定義為農業轉向工業社會，但是後續的重要變化是不同的。二十世紀初的使用電力和大規模生產被稱為第二次工業革命 (G. Friedman)，而電腦輔助積層製造常被稱為第三次工業革命。即將到來的微電子行業也有類似的潛力。都不是最終的定義。

何的地方去或甚至可以在不同地方而同時去做這些產品。這就是客製化大批量生產時代的開始，而徹底的改變了現今的工業界及社會。積層製造的潛力會引發如此的產業革命，就是基於以下的三項基本的性質：

■ 第一，積層製造能夠製造出非常複雜的幾何形狀 (complex geometries)，這在大多數的製程中是法做到的。

■ 第二，因為在製作不同性質的物件時，所需的材料必定是不同，所以在不久的將來將是非常多樣化的材料變化 (分級及複合材料)。

■ 第三，在數位製造的過程中，不需要因為產品所需要的工具而限制在某一個場域當中，這也開啟了在不同的地方可以選擇小量的製造或者甚至獨一無二的產品生產。

　　無需多說，積層製造方式的成功，在很大程度上，是基於可以很快速地去發展三維的數據資料及處理系統，包括 CAD 系統及掃描器、建立於網路上的 3D 資訊及 3D 圖書館，所以不可去否認。在下文中，將藉由例子來探討。這些案例既不完整，又不能反應任何等級排名，但均為鼓勵讀者去看類似儀器與在商業環境的類似應用。

■ 4.2　潛力與應用展望

4.2.1　複雜幾何 (Complex Geometries)

　　在這裡，如果利用在積層製造的過程時，直接製成複雜的零件，若需非積層製造過程中需要多步驟處理或者需要操作複雜工具及組合操作。

　　如在第 3.8 節時討論的圖示 3-34、3-35，人的頭骨是一個可以想像到的最複雜的物件之一，但是可以直接利用積層製造去一整個製作出來。大多數非積層製造的方法，是無法做出這麼精細的物件，或者必須耗費一定的時間與金錢，或是需要加入中間部驟再一個一個去組裝起來。這些圖強調不同的積層製造方法都可以用，只是取決於客戶的需求。比較的複雜工程部件是具有輪廓相關的刀具或刀具嵌鑲刀片，即所謂的隨形冷卻通道。"貼近表面"的洞穴冷卻的想法並不算新了，但是一直到最近它被限制於被鑽孔直線的幾何形狀與圓的橫斷面那是無法使洞穴輪廓跟隨在表面附近。積層製造允許使用者定義冷卻流道甚至 3D 形式的網格，如此可以大幅提高工具的生產力。圖 3.32 就是顯示積層製造所形成的隨型冷卻流道對比於用傳統方法鑽出直線冷卻通道。

　　圖 3.33 為 CAD 圖及經由積層製造後的剖視圖，顯示一個更複進雜的互連冷卻網格。模具插入件使用鋼粉末經由選擇性雷射熔融法製造。

　　另一個例子為從醫療方面來探討非常複雜的幾何圖形，圖 4.1 為支氣管的模型。這個部份在消失核心方法以製造一個透明的測試管道研究人類的呼吸器官中，是不可或缺的。我們只能利用生物體上的電腦斷層掃瞄的技術 (CT)，再來重新建立 3D 的影像圖。其物件核心部份是由粉末-膠黏劑之 3D 列印製程來完成。為 獲得清潔的管道，核心部份的完全分解是必要的。因此，它是使用盡可能少的黏合劑構建的。這導致物件非常的脆弱，需要非常小心的處理和清潔。

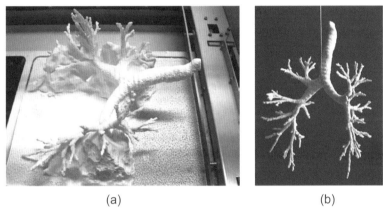

(a)　　　　　　　　　　　　　　(b)

圖 4.1　(a) 由 3D 列印出 1：1 的人類支氣管模型。(b) 為取出之後的樣子
(資料來源：RP-Lab, Aachen University of Applied Sciences)

　　為了能夠製造出任意形體的物件，圖 4.2 的 3D 網狀格極為實例，它能夠證明出積層製造有能力去製造出除了塑料以外的複雜零件，能夠多變化且非連續性的物件。

圖 4.2　由選擇性熔融所製成的 3D 網狀格；(CoCr 合金，由機台移出的零件
(資料來源：RP-Lab, Aachen University of Applied Sciences)

　　另一個例子是如圖 4.2 中顯示的 3D 網格，幾乎無限範圍的零件幾何形狀都可以由積層製造技術完成。它也證明這種製造方法能夠提供精細結構和複雜的零件，不僅使用塑料而且使用金屬亦可行。

4.2.2　整合幾何形狀 (Integrated Geometry)

　　在目前非積層製造 (或傳統) 的製造業中，若產品的幾何形狀複雜度非常高的話，它必須先簡化才能夠去製造。典型的，部件亦再分割成元件並根據選擇的加工法以利製造。在大多數情況下，需要最終的裝配程序來形成產品。或者，需要複雜的工具來促進非積層製造工藝中單一步驟的製造，例如壓鑄。

　　在這裡，我們提到了整合幾何來合併不同的元件能夠直接由同一個積層製造過程來製造出，從生產策略來看，整合幾合圖型及複雜幾合圖形在組合後基本上相同。從戰略的角度來看，這意味著虛擬地組裝產品，而不是實體地進行，從而避免掉在生產時所需要的加工處理方法，及費時的組裝，這樣可以減少管理及儲存空間的瓶頸。

　　塑料的射出成型是一個非常好的非積層製造生產的好例子。塑膠射出成型需要製作若干個模具，每個零件的射出成型，都是需要製造一個特定的模具，然後完成每個零件及精修，才可以組成所有零件成為一個最後的產品。

　　使用積層製造的方法，不同的工件都能夠統整為一個幾何外形，故可以單一件去製造成型。舉圖 4.3 為例，圖 (a) 為驗血時所需要的血液離心分離機，雖然機器才身是屬於醫院的標準化設備，但血液容器是醫院自己的配備，會隨著公司政策或者是國家或地方的標準而有變化。容器由三部件組成以方面藉由無凹槽的射出成型以配合離心機來製造。圖 4.3(b) 為裝血液的容器，它是由傳統的製作方法和從三個部件組裝所得。

　　不幸的是，在許多情況下，所需要的容器數量太少，而使成本變高，而中小企業也因為被排除在市場之外。若要利用積層製造的方法來解決了這問題，首先利用整合幾何形狀概念將個別配合機器的幾何物件重新設計為單一個物件 (圖 4.3(c))。因為不需要工具，所以即使是很小的物件都可以利用積層製造來處理，每個容器的成本比塑膠射出成本高，但遠遠超出了包括攤提模具成本在內的成本價格，因此非常經濟。

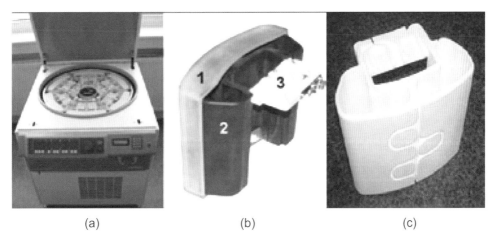

圖 4.3 血液離心分離機 (a)，射出成型製造的血液容器 (b)，由積層製造出來的單一件容器 (c)，雷射燒結。(資料來源：Hettich/EOS)

另一個複雜幾何形狀的例子如圖 3.28 所示，這圖顯示了非常複雜的砂模鑄造核心件是使用雷射燒結鑄砂的積層製造技術製作而得。如果不是用積層製造技術，複雜的砂模鑄造核心是由若干不同的物件再來組裝。這主要是以手工爲主，因此非常的昂貴且耗時。另外，這也意味者最後可能會有對不準的風險，導致砂心偏移及鑄件引起不必要的孔洞之情況。

對於複雜物件的例子也可以在圖 4.4 看出，圖 4.4(a) 爲航空發動機的導向輪元件，是利用不生銹的熱作鋼由雷射熔融製成。這是一個相當大的尺寸 (298×120 mm) 準備作爲最後組合的一個重要的物件。圖 4.4(b) 是由鋁合金 (AlSi12) 作爲基板，且尺寸爲 30×100×50 mm。

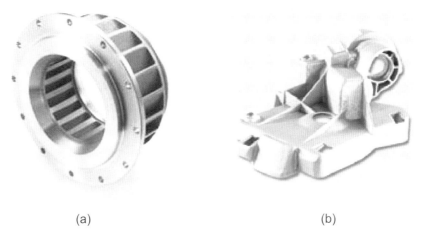

圖 4.4 導向輪爲航空發動機的燃燒室元件 (a)：(資料來源：EOS/Morris Techn.)，熱作鋼爲底板 (b)，鋁，尺寸 30×100×50 mm(資料來源：Concept Laser)

　　傳統的製造業可以選擇代替二個物件包括了一串的傳統鑄造，銲接、銑床、包含熱處理。整合幾何形狀方法之積層製造有能力來克服由於傳統製造業的限制必須分離製造，就彈性生產上提供了很大的潛力，減少零件的數量以及組裝的成本，包括相關的品質保證及庫房備用零件管理，原則上能夠轉移到轉移到其他的部門。

4.2.3　整合功能 (Integrated Functionalities)

　　在這裡定義整合功能性主要是基於幾何外形所衍生運動功能可整合單一建構過程由積層製造技術來完成，而若是在一個非積層製造模式所建構出來的東西時，就需要利用許多模具來組合及調整數個零件成一個物體。

　　使用塑膠的材料時，材料的彈性用於獲得諸如薄膜鉸鏈或卡扣的功能。雖然這也可以透過塑料的射出成型來實現，但是積層製造允許在任何可加工的材料中建構具有諸如機械鉸鍊和類似關節結構的鉸接零件。

　　從圖 1.8 之案例來說，汽車的冷氣出風口可調式格柵利用了聚醯胺來燒結成一構造件。鉸鏈運動所需的間隙是通過在相鄰物件之間留下一個或兩個未燒結的粉末層產生的 (見第 5 章)。最後再透過移動物件來低壓噴砂清理，鉸鏈就可以使用了。

　　這種非鉸鏈式的連結方法其實算是在積層製造中的工程設計原理之一，它優先使用塑料燒結的工藝，但是它也可以利用 3D 列印中的高分子噴印、3D 列印及塑料的擠出 (FDM) 來建置。若以粉末為基底的成型方法已如之前所討論，其他也是需要支撐件者就要用支撐材料去定義間隙。因此，在物件取出之後，支撐物體的支撐件是必須被移除的，從這個角度來說，所以若是支撐件為可溶性的物質，相對來說是較具有優勢的。 經由圖 4.5 中的縮小的扳手為塑料所製造而成的，對可動元件例如滑軌、齒輪及以本扳手為例的蝸桿製作，都是非常好的例子。因此，在不同的製造方式裡面也說明，由本例以高分子噴印及 FDM 二個方法，最後都可得到合理的結果。

　　基於相同的原則，在積層製造中，相關的部位能夠利用"牛頭型"的鉚釘可以設計成在一個構造中製作鉸接臂，鉸鏈和相關元件，使零件連結為一個物件。圖 4.6 Articu 燈是由布魯克林的設計師 Paul Gower 所設計的，這也是一個很有趣的例子。由布魯克林設計師 Paul Gower(圖 4.6) 提供的鉸接燈提供了一個有趣的例子。它是在同一批次積層製造建構起來。

圖 4.5　縮小的扳手，上圖為高分子噴印成型，丙烯酸；下圖為 FDM 製作，ABS
(資料來源：Objet (上)，Dimension/Stratasys (下))

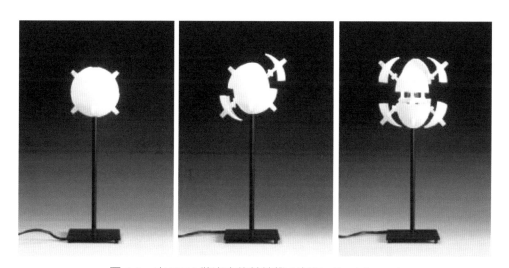

圖 4.6　由 FDM 做出來的鉸接燈 (來源：Paul Gower)

　　圖 4.7 是一個電纜夾，在傳統的方法中，它是利用許多的不同加工方法製作出很多的零件，然後再組裝起來，若是透過積層製造整合幾何外形的方法，不但會更快速、更好也會更便宜。

　　在傳統上，一個電纜夾是由不同的金屬部分、螺絲釘和橡膠固定來保護塑膠電纜的。如果利用積層製造的方法，它可以將相容的電纜夾具從單一的塑料 (PA) 讓它有兩個可動的關閉件，一個用於支撐管子，一個用於支撐電纜。每個關閉物可以利用操作一個彈簧卡扣的機構 (snap-fit mechanism) 來閉合，即使是有彈性的夾具，傳統上也是利用橡膠製作而成來鑲嵌整合，作為橡膠的進入口替代品，固體的塑料在如連接鋸齒狀，以橋接出現的間隙，並獲得所需的彈性以固定電纜。圖 4.7 中的基本設計如形狀、直徑、固定的路徑數目等等是可以改變的，不同的設計在積層製造中是能夠同一批次建造起來的，在製造完成以後再經過吹砂後處理就能使用。

圖 4.7　利用聚醯胺所燒結的電纜夾單件模型。封閉 (左圖)、開放 (右圖)(來源：EOS)

圖 4.8 快速折疊椅 (One-shot-stool) 是由 Patric Jouin (2006) 利用相同的原理所製作出來的，包括連接的機構都可以由積層製造來製出，令人非常驚訝的是因為沒有應用到任何的鉚釘、螺栓或螺絲釘。快速折疊椅的作品也展示出不需鉸接元件的整合連接，是 AM 技術的特有元素，如果選用傳統製造方法，製作起來將會非常的費力。

這個原理另一個的變化的是由 FESTO 所呈現的鰭片型的致動器，它代表了另一種類型的工程設計元素，彎曲鉸鏈 (flexure hinge) 是由外力彎曲的實心元件，他被運用在壓電元件操作的微定位系統。

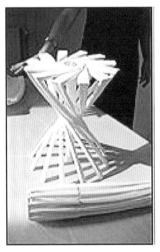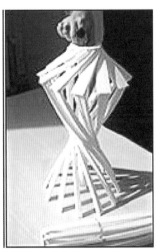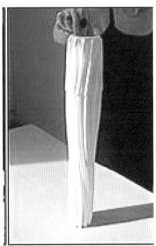

圖 4.8　快速折疊椅利用雷射燒結，聚醯胺 (來源：Patrick Jouin)

從圖 4.9 上能夠看到，該結構是由一個封閉的、薄壁的銳角三角形組成兩個長薄壁臂和剛性基座。因為 5 個可平行於連接長臂的基座的可移動連接器，該元件可以連續調整為各種定義的圓弧形輪廓，一個動量施加在基座上各種形狀。如圖 4.10 右側所示，該致動器類似可被應用在一個仿生系統，宛如大象的鼻管，是一個非常敏感的處理系統。

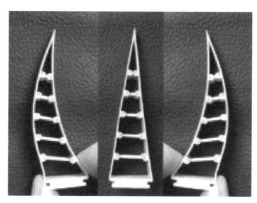

圖 4.9　鰭狀驅動器 (左)，利用基板受力來改變它的形狀；填充聚醯胺 (來源：FESTO)

致動器由鋁粉末燒結而成一體的以提供表面的技術外觀。由於三角形、移動的原件和整合的連接器不同的壁厚，該部件只能夠利用積層製造來製作。從一個系統化的觀點來說，致動器是彎曲鉸鏈 (三角形壁) 和傳統的兩件式鉸鏈燒結再一起的組合。

由於該公司在氣動系統這部份是非常專業的，所以推出了由壓縮空氣操作的一種金屬粉末燒結之波紋管狀元件。積層製造允許根據所要求的移動來變動壁厚。類似象鼻的一個完整的仿生處理系統在 2011 年的漢諾威工業博覽會中曾經介紹過。它集合了驅動器、氣動元件，並且操作鮑登線及壓縮空氣 (如圖 4.10 所示)。

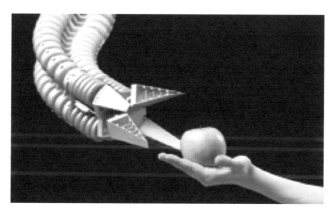

圖 4.10　仿生手持系統像一個大象鼻子，由圖 4.9 燒結元件組合而成；電射燒結，聚醯胺 (來源：FESTO)

利用一些前面所提到的原理並結合實體關節或彎曲鉸鏈，這樣可以輕易地推動它們。手機延伸的蓋子 (如圖 4.11) 因為能夠輕易的推動，所以可以使年紀較大的人、殘障人士或者是當人們戴手套時也可以輕易的使用，這樣就不用再花錢去買特殊的裝配。

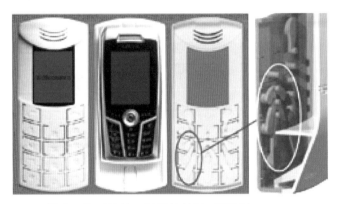

圖 4.11　易推式手機延伸蓋，用雷燒燒結 / 聚醯胺
(來源：Tobias Fink, Aachen University of Applied Sciences)

蓋子由兩部分所組成，其中一個是具有外框的電話殼 (圖 4.11，中間靠左邊)，而另一個是具有可以操作按鍵的連接器機構 (圖 4.11，中間靠右邊、右邊的細節)。這兩個部分，尤其是物件的最上面有按鍵操作機構者，它們都是出自於機器所製造的。這是非常重要的，因為按鍵的操作機構除了利用低壓噴砂外，不能夠經由後處理或者是精加工。所用的聚醯胺材料具有足夠強度可保證有較長的使用壽命，及有足夠的彈性，能夠保證操作適合的機器有正常的功能。按鍵的表面是利用水轉印來完成 (如圖 3.19 所示)。基本的設計是可以很輕易的用在其他商業行動電話上，而且可以直接一次性的製造。

另一個例子為鏡子定位系統如圖 4.12 所示，其精細的彎曲鉸鏈不能由其他的製造技術再去製造。

反射鏡是一個科學實驗室中研究電子加速度的一部分。對於如何妥適的調整它？不僅僅要精準，也需要一個整合溫度的補償機制以避免熱導致無法對準。根據彎曲鉸鏈的原理，完成定位是通過對整個結構的變形。當可變形的彎曲鉸鏈的中空管直徑為 0.5mm 時，整合水道以確保能夠冷卻。整個部件都是由鈦組成，反射鏡中的可撓曲的固定件也是整合在一起。

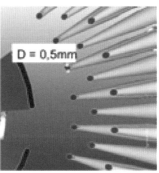

圖 4.12　固定及定位系統用於雷射反射鏡設計成一個由鈦製成的彎曲鉸鏈，管子是空心的
　　　　冷卻通道為了來控制溫度：選擇性雷射熔融 (SLM)(來源：Over, BESSY)

　　利用積層製造做出手提包或布料的柔性產品，最早是由 FOC 在幾年前就已經提
出。雖然是使用硬質的材料，設計出類似護甲，而不是我們平常用的布，讓人覺得是
個很有意思的創意。在 2011 年，一對年輕的女子利用 "連續服飾" 提出了重新煥發
青春的理念，並且發表了世界上第一個由積層製造技術所製造的比基尼。它的結構由
小圓圈組成，並用作彈性連接的小小條串。這種美學的設計也滿足了結構所要求的，
例如耐久性、靈活性，最重要的是能夠合身。連續服飾稱它為一個全新的材料，由於
燒結聚醯胺在表面上仍然粗糙，所以這個產品目前只能暫時在沙灘上使用。親水性的
行為不會影響到該材料的使用，因為水造成的幾何形狀變化既不影響合身性，也不影
響其彈性的功能。這物件上有塗特殊的塗料，來防止 UV 的輻射。雖然微小圈圈可能
因為穿戴過程而斷裂，但目前仍然沒有修補的解決方案。

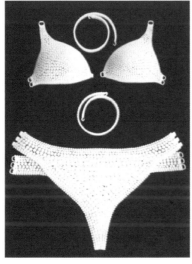

圖 4.13　由積層製造做出來的衣服 "世界上第一個由 3D 列印出的比基尼"：
　　　　雷射燒結，聚醯胺 (來源：Continuum Fashion/ Shapeways)

　　儘管有這些缺點，但是對於積層製造來說，做出衣服的計畫又往前邁進了一步。這種產品為了根據客戶的需求而製作，又打開另一個客製化的服務 (見 4.3 節)。

4.2.4　多種材料物件 (Multi-Material Parts) 與分級材料 (Graded Materials)

　　在本書中大多數在討論的物件幾乎都是同一個或稱等向性材料 (isotropic material)。這個被認為是一個必要的條件，因為在大多數非積層製造的製程，例如：研磨或者鑄造，都提供具有均質材料的等向性物件，而且工程設計人員習慣於處理均勻材料。然而，積層製造有一個更廣的角度來看，它有很多處理多重材料的製程方法。這個討論始於現今的應用，包括新興的工藝製程，在不久的將來，將會有更大的市場來臨。

　　在已經商業化的聚合物噴印 (PolyJet, Objet) 製程 (第 2 章，圖 2.6) 是能夠同時利用 2 種材料的比例，來模擬雙噴頭同時注入塑膠原料之射出件。舉個例子圖 2.7(右)，顯示了在同一個物件的製程中，出現了一個較硬的中心及一個有彈性的環。另一個例子是在圖 4.14(a) 剃刀的手柄，也是利用了彈性及剛性的物體合而為一。圖 4.14(b) 看到了裁紙器內具有雷射切割的導引，它是利用軟材料 (淺灰色) 和硬材料 (黑色) 組合而成的。

(a)　　　　　　　　　　　　　　　　(b)

圖 4.14　剃刀手柄 (a)，X-ACTO 雷射裁紙機 (b)，聚合物 (PloyJet)
(來源：Objet Geometries)

　　在積層製造的過程中，支撐材料 (support material) 和實際的工件材料同時製造，人們很容易去想像到說不只有二個材料，而是可以同時有不同種的材料印製在同一個物體上。同樣也適用在 FDM 的製程。現在都有雙種材料利用擠印噴頭來製造物件及其支撐材料。所以也沒有任何的技術是不能夠同時操作三種或更多種材料的方法了。

　　圖 3-39、3-40、3-42 有顏色的部分都代表是經過積層製造製程的物件。從材料的角度來看，不同顏色的含意就是利用不同的屬性和製程方法，它能夠提供無限的想像空間。

　　在 3D 列印的過程以及所有積層製造的製程中，藉由逐漸添加體素 (Voxel) 的材料至物件過程中，基本上可以製作出擁有不同特性體素的物件。在不久的將來，我們將能夠設計和製造出能拉伸、有彈性 (如圖 2.7 右圖)、透明性、能夠導電和導熱，以及其他穿過截面的變化特性，而材料能夠適應局部需要而改變設計的價值。

　　積層製造運用在多種有機材料 (multi-material processing of organic materials) 即是食品加工 (food processing)，這是一個新興的應用領域。第一次嘗試在家裡製造，用了液體或糊膏狀的食物經過冷擠壓的處理後的食物是可以固定大小形狀的，也可以成為任意的幾何形狀。“聚寶盆”由麻省理工學院所支持的 3D 列印機概念，聲稱將成為“一個個人食品工廠，藉由儲存、精確的混合、沉積，及不浪費食物的層狀烹調原料之方法，使數位世界與烹飪領域融合”，並帶來動態的討論。(如圖 4.15 所示)。

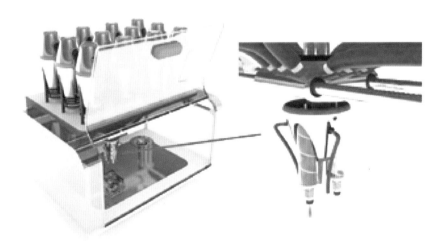

圖 4.15　由積層製造機器出來的食物：麻省理工學院的 3D 食品列印機 (3D food printer) 概念 “聚寶盆” ；列印機整合 (左)，噴印頭的詳細部分 (右)(來源：Diane Pham/ Inhabitat.com)

　　食品列印機程食品罐頭的整合定義了廚師們的供應食物。客戶們依需求做出決定，而客戶也可以看到他們的選擇食物，混合過程各即時的準備他們的食物·各種所沉積食品的成分也是通過擠製而完成的。而擠製機也備有了加熱和降溫冷卻的功能，可以來準備晚餐。食品列印機也能夠非常的準確提供各個物質的組成及可重複性。在脂肪、醣類、卡路里、碳水化合物及其他方面都能夠很精確地去管理。列印機是否能夠減少資源的浪費，也必須經過觀察擠製食品及清理列印機才能夠決定。

這些發展加入了新的系統化思維讓工程設計上多了一些好的想法。像是 Optomec's 的 M3D ™或 Envisiontec's 的 3D-Bioplotter ™都能夠使用電、藥物及人體組織的方面。在 2010 年初，Organovo 的科學家使用了 NovoGen MMX 的 Bioprinter 印製了第一個靜脈。所以在未來印製器官的時代也即將來臨。

■ 4.3　積層製造應用的新策略 - 客製化

有越來越多的顧客喜歡客製化的商品。買家們拒絕大量購買相同性質的商品，而渴望一個唯一、個人的及不同的產品－客製化商品 (customized product)。

在目前大規模製造的定律下這是非常難以去滿足這些客製化的需求。因為在經濟成本下，每單位時間內所生產的產品數量，是有密切的關係。因此，模具是必要的，模具可以產生完全相同的物件。生產時所使用的工具，常是非常昂貴又費時的，這樣它必須要有夠長的使用壽命以達到高產量，才能夠確保這項投資是有回報的。如果可能的話，要避免產品的變化，甚至是微小的改變設計，因為這樣就需要更換不同的模具或嵌入件，就會更消耗時間而增加了成本。所以積層製造就有這個潛力能夠帶來改變。積層製造是一個製造技術，它不需要多個模具來處理，所以它可以滿足客製化的需求。它可以使不同的部件在同一個建造的過程，每個部件都可以是獨特任意型的，或是小的、中的或者甚至是大型的系列產品。

積層製造改變了生產方式，從大量的製造相同物品到大量生產不同或個別的物件，這就是它所帶來的革命性的改變，也可以被看成是生產模式的轉變。積層製造可以用不同的方法來達到客製化，而製造商可以在室內來進行生產而負全責，但它也可以讓客戶來參與甚至自行來操作，這也徹底的改變了現今的產品開發和生產結構。

雖然從製造的觀點來說，客製化設計與客製化生產是獨立的，但客製化通常達到了由客戶參與設計也是設計者，至少達到某種程度。因此必須嚴肅的考慮到設計者和製造者這兩方。如果製造商負責生產及在他們的廠方生產，這種方法就稱為客製化量產。如果是由客戶自己在家裡製造生產，則稱作為個人化製造 (Personal Fabrication)。在製造商或者顧客或甚至二者之間的人都是可以去從事設計。

最後，個人客製化的生產藉由了越來越多私人客戶提供網路連結的基礎，這種基於區域型製造網路的模式，造就了一個全新的生產策略 (分散式定製生產 - 共同生產)。

無論最喜歡的是那種策略，積層製造的機器及任何其他類型的機器都是需要被投資的，而且投資的回報必須透過在不同部件中每單位時間裡所生產多少的物件來進行。該過程是否為經濟的取決於是否較少量的內容需要藉由部件工程設計來調整各別小量生產，而不是通過組織基於積層製造的個別量產來決定。

4.3.1　客製化量產 (Customized Mass Production)

客製化是使產品適用於特殊的客戶或者是特定族群的需求。它可以在特定的品質或者數量中完成客製化，這意味著可能是單一件或是小批量或者更改部件外觀或形狀或者是它的功能。部件的設計可以隨著每個人群體的品味不同而改變，這稱為個性化 (Individualization)；如果部件是為了能夠滿足一個特殊顧客的要求，則被稱作個人化 (Personalization)。個人化商品可透過兩種方式來製作完成。如果客戶只提供他的生物識別數據，則稱為被動個人化。如果客戶是加入自己的創意設計的，則稱為主動的個人化。

客製化跟物品的設計是緊密不分的，而積層製造是一個製造技術。如 3.1 節中所討論的，它是集合了設計跟製造的過程，因此，它主要的影響不能夠把它視為單獨的製造技術而已。

4.3.1.1　一次性與小批量生產 (Small Batch Production)

特別的一次性產品或者小批量的生產是以數量的方法來客製化生產。客製化的影響是當產品依然不變時，在依需求來做生產。積層製造允許客戶任何數量上的需求，總共只有一件，每單時間一個零件，或者每年數次每次一小數量。如果這樣的生產利用模具來做，這意味著需要經過數次的處理或者需要生產更多數量來提供當時一點點的需求，再庫存過度生產的零件給後續訂購使用。

舉個例子，圖 4.16 為一個檢查漏氣的儀器，客戶每幾個月都會訂購了小批量的該同樣產品。因為它所需要的總量不多，所以沒有理由讓它利用塑料射出成型。這個產品的外殼是由聚醯胺雷射燒結而成。最後將產品精修成黑色的，並包涵電子電路、印刷顯示器、感測器和握把等組裝在一起。

圖 4.16　測漏儀，利用雷射燒結，精修及組裝 (來源：CP-GmbH)

4.3.1.2　個性化 (Individualization)

　　個性化和個人化 (參考 4.3.1.1) 都是客製化商品質化的方法。爲了要符合不同客
戶群的需求，在一次的製造中，製作出不同的產品。當零件是由製造商所設計的，這
個策略我們稱作個性化。舉個例子，圖 4.17 和 4.18 中，由不同的積層製造方法所製
作出的珠寶戒指，代表以兩種基於積層製造的方式來製作最後的部件，脫蠟製程的比
例主模由使用蠟印刷方法製造 (如圖 4.17)，而貴金屬則利用雷射熔融直接來製造 (如
圖 4.18)。

圖 4.17　客製化生產；個性化，戒指精密鑄造之主模 (來源：Envisiontec)

圖 4.18 客製化生產：個性化，珠寶的製造直接使用金子粉末做雷射熔融製造
(來源：Realizer GmbH)

這是由專業設計師所設計的，客人並沒有直接參與設計，基於針對客戶群和其他相關銷售方式的代表面談。每個不同變化的部分都在同一個平台上經由同一個的建造批次。

在積層製造的方法中也提供了 2 種處理方式供替換。3.3.6.2 節討論了高品質脫蠟法的過程，藉由 3D ProJet 列印機的製造和手工組裝完成的鑄造樹 (圖 3.30)。可以使用金屬 3D 列印進行全金屬燒結處理珠寶的製造。

任何在積層製造中的方法跟傳統的加工法一樣，在最後結束時，都必需要在多一道後處理精加工，對積層製造來說這是個缺點，所以需要發展自動精加工的設備。但是從一個加工師傅的觀點來看，這確實是一個優點。積層製造並 有取代傳統的工作，但卻提供了完善的生料 (或胚料) 零件，需要靠師傅們的經驗及技術將它變成一個完美的商品 (珠寶)。因此，積層製造是支持中小企業有競爭力能夠進一步的發展。

個性化的商品幾乎出現在各個行業了。例子在第 3 章中的圖 3.15-3.26 中所示。即使今天有家具利用積層製造所製造，已經有一個例子是由法國設計師 Patric Jouin 製作出來的椅子 (圖 4.19) 令人印象深刻，它的構造揭露了機械設計，它不能利用傳統的製造方法處理。另一個例子是已經在第 3 章 (如圖 3.23) 中所舉到的例子 Bathsheba 提出的藝術物品。

在 4.2.3 節也有所有的例子可以視為個性化的觀點。手機殼適合用於任何想大量生產的手機 (圖 4.11) 與快速折疊椅子 (如圖 4.8) 可以單獨的製造。個性化的商品不一定都是獨一無二的商品，因此可以透過積層製造與非積層製造的處理來完成。若由於強制個性化及因個性化而有越來越多的變化，造成生產量減少，盈虧平衡點向非常小的生產數量轉移，絕對可以單獨的用積層製造來生產。

圖 4.19   客製化生產；個性化；家具：固體系列的椅子 (Patric Jouin 設計)
(來源：R. Guidot)

4.3.1.3   個人化 (Personalization)

個人化在發展及製造中都是一種獨特或者獨一無二的產品。它主要是提供一個特別的人詳細的資訊。顧客根據他的生物特徵 (被動個性化) 或他自己的創造潛力 (積極的個性化) 來確定或主要影響產品的設計。

一般在個人化上定義產品和如何變個人化需要一個基本的設計和生產鏈。在最後個人化產品的來源是根據特殊顧客的需求去調整生產鏈和其背後的軟體。整個過程，設計和生產，在製造商的責任下工作。個人化的商品肯定需要獨一無二的產品，因此，積層製造是優先的選擇，在許多情況下也是唯一的生產方法。

被動的個人化是在醫療設備和產品(不僅醫療)及人機的互動領域是緊密不分的。例如醫療產品植牙、假牙、矯正器、助聽器、及相關醫療領域，他們共同之處即是必須從患者的醫學影像技術取得部件的 3D 數據，例如斷層掃描機 (電腦斷層掃描)、超音波 (超音波或診斷超音波成像儀)，在此基礎上，再用特定的軟體來協助，即可建置個人化的數據檔案，同時積層製造物件即可建構起來。

助聽器外殼 (hearing aid shells) 的設計及生產是一個突出的例子。經過開始手動掃描後的耳道圖像來得到他三維的輪廓 (如圖 4.20(a))。在未來，可以直接掃描到的幾何形狀傳送到軟體。助聽器的外殼需要能夠保證通風及調整共鳴的通道，傳統式製造的助聽器外殼為了方便製造，僅在內部鑽有直線型孔道。有了積層製造，要製作任意的形狀已不再是問題。利用專用的軟體根據患者聽力圖，可以去優化外殼的形狀及內部的構造設計。作爲範例，從在內部的 3D 共振管和通氣管可以看出如圖 4.20(b)、(c) 所示。產品只能夠透過積層製造來完成，圖 4.21 爲從建構槽中同時取出一對的助聽器外殼。利用倒掛原理的機器是由 3D System 提供的 V-flash 3D 列印機 (如圖 2.31(b))，它可以一次生產 50 對不同的助聽器在同一個平台上而它們彼此是不相同的 (圖 4.21(b))。

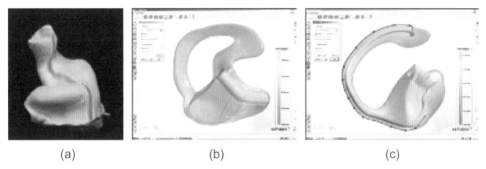

圖 4.20　客製化商品、個人化；助聽器外殼的個人化設計；手動取相後的掃描圖像 (a)；電力通氣管道 (b)；共振管設計 (c)(來源：Klare, M；/Kla05/)

圖 4.21　客製化生產；個人化；積層製造出來的助聽器外殼 (a)、(b)(來源：3D System)

　　另一個重要的個人化商品是圖 1.11 所示的牙橋 (dental bridge)。一般情況下，利用積層製造來製作牙齒的裝置可以獲得更高的經濟效益。隨著引進全數據化的生產鏈，牙醫師可以在過程中積極的扮演設計及生產的角色。在未來，牙科醫師將利用口腔掃描儀來獲得數據，利用專用的軟體，他就能夠直接在電腦上完成牙齒的修復或者與其他牙科技師共享。牙科裝置將透過積層製造來直接生產。面對直接設計與製造鏈的競爭，手工製作方式在低工資的國家將不再有優勢。

　　圖 4.22(a) 可以看出另一種牙科輔具可以移動的局部假牙 (partial denture) 的數位化設計，即所謂的：部份假牙。這是一個固定的假牙的裝置，需要精細且強壯，也要在固定後使用時及植入定位與拆除時都能夠承受較高的負荷。現今的主要方法爲鑄造，但是帶來了許多的問題，主要是因爲孔洞及變形。積層製造透過選擇性雷射熔融技術成爲一種很好的替代生產方法。最後精修的產品以鈷鉻合金藉由選擇性雷射熔融技術製成，如圖 4.22(b) 所示。

　　主動型的個人化涉及到了客戶及他的創造潛力。由於大部分的客戶都不熟悉 3D CAD，最簡單的方法就是以有限的設計自由度，從網路上的三維零件資料庫中去下載數據檔，例如 Shapeways。有一些資料庫也提供了積層製造的生產，或者是可以獨立的連結到服務機構。朝向更加個人化產品的一個步驟是可以利用網路支援軟體而去個別改變製造前的數據來完成。它們還可以交換數據檔或簡化 3D 物件處理器 (如 Google SketchUP) 的指導操作。基於此，客戶可以將他們的想法轉換爲可處理的數據檔，並由任何一部積層製造的機器來製作。

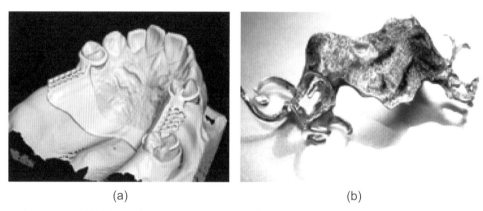

(a)　　　　　　　　　　　　　　　　　(b)

圖 4.22　部份假牙：數位化設計 (a)；利用選擇性雷射熔融所製成的最後產品 (b)
　　　　(來源：SensAble Dental Lab System(a), RP Lab Aachen University of Applied Science (b))

　　朝向個人化商品的類似方法就是利用 Meta Designs。Meta Designs 提供了一個完整設計的物品，但是顧客可以任意的改變一些關鍵的參數來定義獨特的商品。

　　以圖 4.23 來舉例說明，在兩個截圖的螢幕中，可以在網路上利用在引導區操作捲軸選擇個人化的首飾，然後再經過互聯網的設計過程結束後，首飾將使用合適的積層製造機器製作獨一無二的產品。設計及生產可以是全部由製造商負責，或者是分開由提供設計想法的人程提供積層製造製作的人來共同完成。

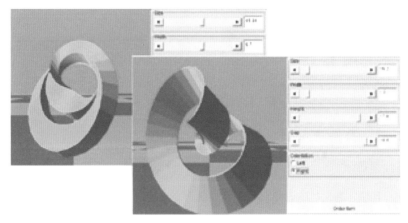

圖 4.23　客製化生產；個人化的設計；Meta Design；利用軟體設計個人的珠寶
(來源：Source: University of Zurich)

在 4.2.3 節中所討論的應用範例，鉸接式電纜夾 (圖 4.7)，驅動器 (圖 4.9)，仿生手持系統 (圖 4.10)，手機延伸蓋"易推" (圖 4.11) 和列印的比基尼 (圖 4.13) 也都是個性化或個人化的商品。

4.3.2　個人製作，自我客製化 (Self Customization)

如果客製化的策略是能夠讓客戶獨自的責任下完成，則稱為自我客製化。典型的，設計是由客戶利用第 4.3.1.3(個人化) 所討論的運用基於互聯網路工具軟體而製成，或者是藉由他本身的設計能力，由 3D CAD 軟體而做出。自我客製化意味著藉由積層製造來完成，但是在 2005 年之前這個方法還是經濟上不可行的。但是此後，價格便宜且容易操作的機器稱之為個人機或個人加工機 (personal fabricators, PF) 即進入市場 (參見 1.4 節)。

隨著發展，迅速增加的個人製造機和利用網路的部落格巨量成長的社群，例如 Fab-at-Home 或製造者連線使用者社群，如 RepRap 所發展的簡易平台啟動並支持了一個與個人電腦相似的製造運動如同 40 年前從簡單的平台 ATARI。例如客製的汽車輪胎裝配在樂高中心樞軸如圖 4.24 所示，和由 Fabber1 所提供的一些零件所組裝的蜜蜂雕刻品如圖 4.25 所示。

圖 4.24　自我客製化；由 Fabber1 製的玩具車輪胎 (左)；安裝在樂高軸心樞軸 (右)
(來源：Fab-at-Home (www.fabathome.com))

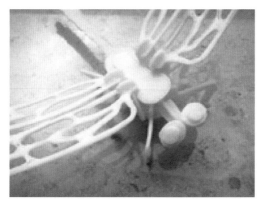

圖 4.25　自我客製化；利用 Fabber1 製作的一些組裝零件後的蜜蜂雕刻品
(來源：RP Lab, Aachen University of Applied Sciences)

　　由於現今的小型機只能簡單的利用一種材料，而且不能使用支撐，這意味著它們僅限於簡單形狀的零件。諸如 HP Designjet、升級後的 Makerbot 等允許同時使用兩種不同噴嘴 (Makerbot 甚至可以使用不同的材料，甚至更多的整合)，才可能應用支撐材料。

4.3.3　分散式客製化生產 (Distributed Customized Production) - 聯合生產 (Coproducing)

　　在不久的將來大量的小型機將用於全世界各地，每個熟悉機台、網路、電腦的使用者將擁有小型機，所有的小型機可以很容易利用網際網路相互的聯繫，這將開啟一個獨特的機會去建立一個可以讓人訪問、輸入或讓每個網路使用者使用的全球性產品網站，這些可以將其視為互聯網或網絡製造商。根據共同工作 (Coworking) 運動的概念，這種情況將稱作共同生產 (Coproducing)，以雲端系統為基礎，建立一個雲端製造系統。

因為不同的積層製造機台可以在任何時間獨立運作，所以積層製造技術是最有可能去實現這種分散式世界工廠的技術。此外，所有的積層製造製程可以利用全世界適用的 STL 檔案格式來運作，相較於大部分的 CNC 控制程序， STL 檔案格式可以簡單地使用在各種機台，由於全部的積層製造機台幾乎可以處理各種材料、尺寸，所以這個共同生產網路將可以隨時隨地的製作任何物品。

由於在不久的將來大部分的人都將擁有一台小型機與一定程度的設計能力 (如前面所述)，一個世界性的設計與產品網站將被發展，值得重視的是，這樣一個網絡是一個自我組織的運動，不論創立的構造是不是我們想要的，這種個人管理的網站將會繼續成長。

■ 4.4 結論

積層製造提供製作新功能產品的機會。積層製造技術不僅可以製作幾何形狀複雜到傳統加工 (非積層製造技術) 不能製作的物件，也可以製作不同材料組成的物件甚至改變其內部性質。

此外，積層製造製程顛覆的傳統的製造規定，積層製造製程可在世界任何地方支援任意數量、形狀及任何想像得到的材料之零件製造。由於積層製造製程不需依賴模具來製造產品，故可以大量生產個生化及個人化之產品。積層製造技術標示著大量生產相同物件到大量生產一次性物件的變化。

積層製造技術允許客戶專門設計並製作自己的物件，從而改變傳統的規則，積層製造技術支持在國際網路化但在本地執行生產社群之共同生產的構想，並作為雲端生產運動一部份。

■ 4.5 問題

1. 為何積層製造技術可以製作幾乎無限複雜幾何形狀的物件？

   答：當任何物件都幾乎可以被切層，也都可以由切層後的薄片所組成，故不管任何幾何形狀都可製作。

2. 什麼積層製造製程可以改變物件內部的材料性質？

   答：積層製造進行製作物件的體素，而每個體素幾本上可以改變材料性質。

3. 物件內部的材料性質可有何種變異，提出至少三個性質？

   答：韌性、顏色、不同材料組合。

4. 為何積層製造製程可以進行任意數量的個別物件？

   答：積層製造製程為逐層製造，無論每層是否完全相同。

5. 什麼阻礙傳統製程 (非積層製造製程) 製作單個物件？

   答：非積層製造製程需製作巨量的個別物件來回報其投資的機具。

6. 為何個性化不依賴選用的積層製造製程？

   答：個性化是一種策略以滿足客戶的要求，這是定義產品前的一個設計方法，此產品可以藉由多種積層製造製程來製作，並多多少少都能適合使用；看看是否適合使用？這是一個應用問題而不是一個策略問題。

7. 為何積層製造技術比傳統的數位控制製作技術 (如 CNC 銑床) 更有機會實現地方生產化與全球網路化？

   答：由於世界上全部的積層製造機台都可以執行同一種類型的 STL 檔資料格式，而大部分的 CNC 製程都需要再經過個別機台預先處理獲得的資料檔案。

8. 什麼是自我客製化的特點？

   答：自我客製化就是客戶自己運用積層製造裝置，尤其是小型機，設計並製作屬於自己的個人物件。

9. 通過哪些標準可以分辨個性化產品與個別化產品之間的差異？

   答：個性化產品：主要定位在特殊的目標族群，此種產品會小量生產，依據盈虧平衡點，可以利用非積層製造製程與積層製造製程。

   個人化產品：主要是設計一個符合某客戶需求的產品，這必然需要積層製造製程來製作一個這類產品。

10. 如何利用積層製造製程製作一件鉸鏈？

　　答：藉由未燒結之粉末或是等量的支撐材料來保留鉸鏈接合處的空隙，建造完後，
　　　　再將粉末吹掉或是移除支撐結構，留下鉸鏈移動的空間。

5 積層製造的材料、設計與品質

本章在討論可取得積層製造的材料，為了得到一個好的物件有些設計規則，以及設定的參數必須設定正確才能有好品質。第一，對於各種積層製造製造過程中會影響物件特性之建構的特徵會加以討論。第二，也會討論積層製造中不同型態材料的可取用性。

相較於其他的製造方法，使用者需要遵守若干工程師所設計適合積層製造的規則，有些特別適應積層製造者都會介紹到。這種領域是相當新的，還處於開發階段，儘管如此，已經定義了一些基本的設計規則，這有助於以最佳的方式幫助製造和使用積層製造物件。最後，提出了選擇合適的積層製造過程，並在品質保證方面提出了部分物業管理 (PPM) 的方式。

本章嘗試指出和討論積層製造的特性和主要影響以致於跟傳統加工方法在設計、製造和材料方面有巨大不同；目的並不是使說明更完整，而是讓使用者意識到可能出現的問題，以獲得優質的零件。在第二章我們已經討論過積層製造的機械和製程，本章節我們從另一個觀點來討論它。

■ 5.1 積層製造材料

本章介紹有關選用積層製造使用越來越重要的材料相關問題。基於零件材料的特性只是由原材料來部份決定，但也部份取決於製程因素。故要做好積層製造物件的品質，必須用許多控制參數來控制製作流程。因此，材料、建構過程，以及工程設計不能視為三個獨立的項目，而是要同時去討論、解決。

由於材料和材料特性日新月異的進步與改善，關於廠牌名稱和材料特性可以從廠商網站上查詢得到，而材料的資訊則是可以從製造商的客戶服務或網路平台上取得，這種方法還可以確保材料升級後能得到最新的數據，在表 5.1 有一些廠商的資訊可以提供參考。

表 5.1   積層製造機器之製造商及經銷商

公司	總部	網址
ARCAM AB (publ.)	Mölndal, Sweden	www.arcam.com
3D Systems, Inc.	Rock Hill, SC	www.3dsystems.com
Concept Laser GmbH	Lichtenfels, Germany	concept-laser.de
Cubic Technologies, Inc.	Carson, California	www.cubictechnologies.com
Envisiontec GmbH	Gladbeck, Germany	www.envisiontec.de
EOS GmbH Electro Optical Systems	Munich, Germany	www.eos.info
Extrude Hone	Irwin, Pennsylvania	www.extrudehone.com
Mcor Technologies	Ardee, Co. Louth, Ireland	www.mcortechnologies.com
MTT-Group Renishaw PLC	Stone, United Kingdom	www.renishaw.com/en/selective-laser-melting-15240
Objet Geometries Ltd	Billerica, MA	www.objet.com
Optomec, Inc	Albuquerque, NM	www.optomec.com
Prometal RCT GmbH A Ex One Company, LLC	Augsburg, Germany	www.prometal-rct.com/en/home.html
Realizer GmbH	Paderborn, Germany	www.realizer.com
KIRA Corp.	Aichi, Japan	www.kiracorp.co.jp
SLM Solutions GmbH	Lübeck, Germany	www.slm-solutions.com
Solido	Manchster, New Hampshire	www.solido3d.com
Stratasys, Inc.	Eden Prairie, Minnesota	www.stratasys.com
Z Corp	Burlington, Massachusetts	www.zcorp.com

5.1.1   異向性 (Anisotropic Properties)

　　一般我們在討論材料屬性的時候，總是假設它最後成型的物件是等向的情況。等向性就是在任一方向都有相同特性，且在零件體積內的任意點的性能都是相同的。因此，等向材料的行為是傳統基於模具製程的生產要求，因此讓基礎工程設計計算上有個準則。

　　當物件以層狀方式製造時，零件顯示的性能有所差異並不足為奇。在這種情況下，該零件所謂的具有異向性質 (Anisotropic Properties)，或直接稱異向性，這意味著材料性質在不同方向和在物件內部位置是有變化的。積層製造工藝的層狀加工特性中實際上是產生異向性的零件。各方向異向性程度可能會有所不同，從幾乎不可識別到對物件的穩定性有顯著的影響程度。雖然各異向性差異的程度取決於在積層製造的製程中，但零件在構建體積的擺放方向和它的工程設計也會影響。

由於製作方法是一層一層堆疊起來，物件的性質會因為平行或垂直於建構面積有所差異。這種效應理論上可以透過物件在建構槽的擺放方向來補償。作為設計的準則，需要將最高負載的方向平行於建構面積。實際上，改變物件的一個部份方向會等於改變其它全部的方向，因此，在建構槽內改變物件的方向需要非常非常的小心。

異向性效應與跟各相鄰層黏合的方式也是環環相扣的。最壞的情況是層與層間的黏合處會分離 (或剝)。很明顯的，這會發生在熔融層狀建模 (FLM) 的製程中，但是剝離的情況是所有積層製造都會發生的狀況。圖 5.1 顯示之所以會剝離就是因為使用了不準確的參數去雷射燒結。由此可知，物件有可能在一小部分內變化，而產生局部分離。

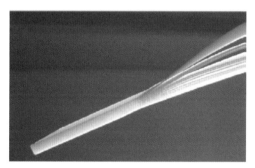

圖 5.1　因設定不正確的構建參數所造成的分層；雷射燒結，聚醯胺 (來源：CP-GmbH)

所有的異向性取決於積層製造的製程。雷射光固化成型法使用液態樹酯且使體素固化與在層與層之間的鍵結在相同的製造過程同時固化。因此，其異向性的的效果不是很明顯。在聚合物的列印或 PolyJet 的製程中，新的一層會在已經硬化的上一層頂部聚合，這顯示出一個稍加明顯的異向性性質。就如現實雷射燒結塑膠粉末，因為，要增加下一層之前，先部分的第二次熔融已固化的上一層，這樣有助於下一層的施加及連結。

類似的，但也更顯著的異向性效應發生在 3D 列印過程 (粉末－黏著劑－製程)。然而這種作法的孔隙率對於異向性產生更大的效應，滲透黏著劑可以減少這種影響，但無法消除它。

相較於光固化成型法，擠壓成型法 (熔融沉積建模) 對異向性的影響更大。該製程需要擠出它的材料時形成膏狀狀態，但是不容許它整個熔化掉以維持它幾何形狀的穩定性及精度。這種效應可以透過機器技術的改進去減少，特別是通過適當的熱處理及使用薄層製造。在相同原理下製造的物件，專業的工廠 3D 列印機器也因此相較於個人列印機和小型機之生產物件也合理的減少異向性行為。對於這些製程，垂直方向的最大承受強度應降低到構建平面 (水平) 的強度的一半。

從製程來看，層壓製造製程有最明顯的異向性的行為，因為預製等向性材料層之間透過一些具有完全不同特性的膠黏劑黏結在一起。

不幸的是，這些規則不是對所有製程和材料都適用。雖然它們通常對塑料加工都是有效的，但金屬雷射燒結會導致材料有不同的行為。粉末材料是完全熔化，導致產生完全緻密物件，只有輕微的異向性效應。這也可以由標記選擇性雷射熔融 (selective laser melting, SLM) 的名稱來加以說明這樣燒結製程的金屬變體。然而，層與層之間的縫隙，在顯微鏡照片下仍然可見。

層壓堆疊的製造製程，基本上最具有異向性行為的製程，也表現得非常不均質性 (heterogeneously)。如果使用紙並透過某種膠水黏合，則該材料是異向性的；如果塑料薄片透過溶劑黏合，它的異向性效果會降低；相反的，如果金屬箔片堆疊，以固體金屬物件透過擴散銲接或超音波銲接接合，即使通過顯微照片，該層也是完全不可見的。

綜合以上之結論，使用者可依上面所述的原則去決定操作機台時的擺放方向，但最後製程決定前，應該再尋求機台製造商或專業代工廠的意見確認。

在直接製造製程中，材料性能的異向性行為必須在物件設計階段就要進行補償，而當建構積層製造物件時，也要設定建構的適當參數。這需要關於材料性質的方向性差異之資訊。 在許多情況下，這些信息不容易獲得，並且該部件的正確計算需要經驗。

EOS 開發了一種稱為零件性質管理 (part property management, PPM) 的系統方法 (見第 5.3 節)。 該系統整合了特殊材料數據庫，即所謂的零件性質文件 (part property profiles, PPPs)。 如果需要，將顯示建構區域 (x-y) 和垂直 (z 方向) 的材質屬性，這在過去的 AM 社群中並不常見。

5.1.2 基本等向性材料

如今,積層製造允許能夠使用幾乎所有材料類別來製作,即塑膠、金屬和陶瓷等材料。這些應用在五種積層製造家族的製作方式(第 2 章),雖然實際上的使用強度差異很大。塑膠和金屬燒結已經廣泛在使用,而對於金屬或陶瓷填充材料的擠出方法仍在開發中。

不同材料的材料類中的數量還相當有限,雖然這個數目在過去幾年全球努力的研究下已經明顯的增加。材料的數量有限的原因,是大多數的案例顯示必須要材料-製造製程必須同時開發。舉例來說,塑膠粉末材質進行雷射燒結,不僅要能局部熔融,也要容易的重新塗覆下一層,還需要圓弧形邊緣。添加劑和製程細節,就如同保護氣體和預熱,可以抑制局部蒸發,氧化和其它過程間和與環境的相互反應。這是為何雷射燒結的粉末材料與粉末燒結塗料不同的原因之一,儘管它們的化學組成而言非常相似。

因此,積層製造材料通常是積層製造機器的製造商開發,並視材料為專利產品再專門銷售給它的機器客戶。有些用戶會對材料的價格產生懷疑,但另一方面,有這些專利的保障,在製作積層製造物件時就能安心且正確的建構。

整體材料消耗的不斷增加迫使積層製造有了第三方供應商並已進入市場,主要是針對塑膠雷射燒結的材料和光固化成型法在獨立市場正發展中。

金屬粉末跟雷射鍍膜和銲接十分相似,因此多年來已眾所周知。熟練的使用者還有多種選擇,但都意味著,有些數據驗證需要靠自己去建立材料資料庫。或者,只要是機器廠商公布的材料都可以使用,接受有限數量的材料和價格水平。

有些積層製造相關問題會發生在生產過程中,因為此時沒有積層製造長期經驗。最重要的問題是老化和 UV 對塑膠的穩定性及金屬粉末的腐蝕、分解、沉降、氧化,以及積層製造的過程會有雜質和孔洞滲入。這些問題在本書架構上是不允許再予以細部討論的。

5.1.2.1 塑膠材料

塑膠材料是積層製造第一個發展的材料群組,塑膠仍然是供應積層製造材料的最大宗材料。光固化成型的材料必須支撐光聚合丙烯酸或環氧樹脂。如今,早在 1990

年代初期就有的黏性和脆性的材料將由類似塑膠射出成型材料的所替代。這是透過填充奈米粒子的樹脂，以增加熱撓曲的溫度和機械穩定性來實現的。此外，各種材料的增加，現在包括透明和非透明的、彈性的、僵硬的及更多不同的材料。

　　用於塑料的雷射燒結，聚醯胺是最受喜好的材料。雖然聚醯胺是最流行的供射出成型之熱塑性材料家族，許多積層製造都信任這種材料，但它們也造成許多問題，因為用於積層製造之聚醯胺和那些塑膠射出成型的聚醯胺有顯著不同。第一，即使該材料化學成分相同的，但是結果零件還是有很大的差別，因為射出成型是完全熔化並注入到高壓下的模具，因此材料性能會不同於同樣材料在一大氣壓力下局部熔化，由逐層沉積並通過熱傳導而固化。第二，聚醯胺是一個含有許多特殊性質的大家族，因此名字只有聚醯胺不足以描述它的材料。工業產品一般是由聚醯胺 6 或 6.6 製成，而雷射燒結主要使用聚醯胺 11 或 12。使用聚醯胺 12 是因為它幾乎不親水性，甚至更重要的是，它能再重複生產製造。粉末顆粒大小主要粒徑大約 20 ～ 50 微米 (μm)。

　　翹曲 (warping) 和變形 (distortion) 是在調整初期最嚴重的問題，然而，如今已降到最低，是由於預熱和改進了掃描路徑的策略。

　　市場上有廣泛並且不斷增加的各種用於雷射燒結的聚醯胺基粉末材料。這包括阻燃劑，鋁填充劑，並且具可以用來消毒殺菌的品質。由填充玻璃粉末提供了機械性能的改進，儘管這個項目是令人困惑的，因為要球體型狀和顆粒來代替纖維，以便再被覆。與未填充的品質相比較，它們提供更高的剛度，但沒有達到可以從纖維填充射出成型的材料預期的性能。由於系統安裝數量在全球增加，粉末材料的獨立 (第三方) 市場對粉體材料的發展並影響經濟形勢，以及新的品質及應用驅動品質之資格。不同的配方，如聚醯胺 6.6 已進行了研究，但沒有上到市場。

　　雖然開發新產品和生產要求高性能塑膠材料，目前僅有幾種可供選擇。發佈 PPSU 材料可用於 FDM 的擠製成型，西元 2010 年底的高溫材料 PEEK(聚醚醚酮)(polyetheretherketones) 作為 EOS PEEK HP3。PEEK 具有優異的耐熱和耐腐蝕的特性。它有耐火焰和耐高溫，耐化學腐蝕，又具有較高的抗拉強度，而且重量很輕，具生物相容性，並可以殺菌。它具有 334℃的熔點，並且需要在 350℃至 380℃的環境加工。這遠遠超出了現今的塑料雷射燒結機的溫度範圍，而引發了全新的高溫機的發展，EOS800/900。

另一群組雷射燒結的材料是從任意材料製成聚醯胺塗覆顆粒。它可以在塑料激光燒結機使用，最突出的應用是塗層的鑄造砂芯和砂型鑄造的的塗層鑄造砂。未塗覆材料的粒徑約為 50 微米 (μm)。

類似的材料可用作金屬的塗層。在此，塗層作為黏著劑，使積層製造成為一個兩步驟製程；然而，它並沒有被廣泛使用，因為單步驟過程是可用的。但它開闢了新的材料的可能性，例如像顆粒這樣的塗層填充球體。

非晶結構的聚苯乙烯 (PS) 也可以用來作為雷射燒結的材料，尤其是優先選為燒失的發泡材料技術的砂芯及孔穴。

對於擠出製程，不僅用於 FDM 的應用，也是 PolyJet 的製程，製造商有提供 (見第 2 章) 專有的材料。對於後者，使用者必須記住，聚合物噴印使用的丙烯酸酯，而雷射固化成型喜歡環氧樹脂 (epoxy resins) 因為可表現出更好的性能，但需要對光聚合提供更多的能量。

對於 FDM，基本材料為 ABS 塑料。由於 ABS 經常被用來作為塑料射出成型的材料，這是可視為 “系列材料”。比起聚醯胺，ABS 是一個標準的聚合物能夠顯著抵抗較低的溫度。

對於所有的積層製造適用，若其構建材料從一個單獨的儲存 (如 PolyJet，FDM)，而不是保持它在構建室 (如雷射燒結，雷射立體光刻)，則其材料及該零件均可著色。雖然雷射燒結或零件由立體光刻製成也可以是有顏色的，然而，這需要設備中儲存的所有材料的著色和零件僅從這個顏色的製造。

作為結論，日益增加的各種塑料可以用積層製造來製造。這是適用於所有已經在第 2 章介紹的五種基本積層製造製作方法。在圖 5.2 中，塑膠材料製程被標註在傳統的 “塑料金字塔” 中，總結了在其基本結構不同的塑料和從彼此區別開來 (無晶的，結晶的) 及其各自的耐溫性 (HDT/ A) 中的特性。圖 5.2 只應用於選定方向。在特定的溫度不應該從它獲得，但是還是要跟供應商再次確認。

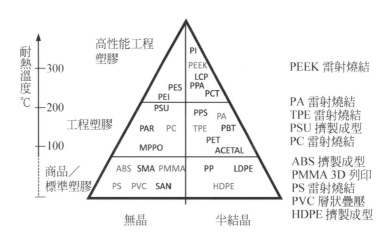

圖 5.2　塑膠金字塔包含積層製造所用的製程及材料

今天，至少每一級有一個積層製造材料和製程來表示，除了醯亞胺化材料。聚醯亞胺是一個非常有趣非常強，耐熱和耐化學腐蝕的聚合物，這將是可以作為積層製造的材料。

5.1.2.2　金屬

金屬積層製造最常用的方法為選擇性雷射熔化和熔解 (第 2 章) 的變化。材料為粉末的形式，其主要粒徑在 20-30 微米 (μm)。因為雷射束的直徑，層厚度和路徑寬度處於相同尺寸範圍內，所述掃描結構在頂部清晰可見 (如圖 5.3)。

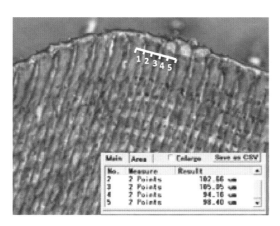

圖 5.3　金屬雷射燒結的部件上層表面 (SLM)

這些材料與雷射塗層或銲接用的填充材料非常類似。因此，不同的供應商可獲得各式各樣的品質，而且已匯集高水平的專家知識。儘管各種商業化的粉末都可以使用，但需要考慮到該材料的合格條件，它必須進行評鑑，或至少在內部進行評估。在另一方面，由積層製造廠商提供的粉末也提供了結合優化的掃描策略之經過驗證材料的參數及其基本物質安全資料表。

　　對於金屬積層製造材料，包括不銹鋼 (stainless steel)、工具鋼 (tool steel)、鈷鉻合金 (CoCr-alloys)、鈦 (titanium)、鎂 (magnesium)、鋁 (aluminum) 以及貴重金屬，例如金和銀已經都可以取得使用。最近，發表了由銅製成的第一個物件 /Pho11/，然而，該製程還沒有商業化。它有特有的變體，特別是在牙科的應用，已經開發出來，並且經常在具有專門的軟件和修改機器的套件銷售。圖 5.4 提供的簡短說明了金屬積層製造可用的不同種類的金屬，並利用金屬雷射燒結 (熔化) 方式成型。數據來自 3 T RPD 有限公司和基於 EOS 材料的代工服務部門 (實心圓)。另外，從其他製造商獲得了一些數據整合結果，主要是從 / CAS05/(空心圓)。

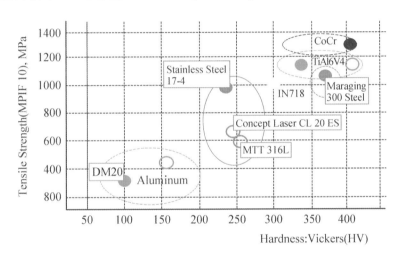

圖 5.4　金屬積層製造的基本材料 EOS, 3 T RPD 和 Cas05

　　非常重要的是要考慮到其它製造商提供的類似範圍的材料，以及顯示的性質取決於材料的許多因素，如本章所討論的內容。

　　薄板層壓製造的製品是優先連接到塑料、紙張和箔片。如果金屬部件是必需的，僅在超音波銲接 (Solidica) 製程是可用的。它與鋁帶捲繞並在該局部完成構建的頂部透過超音波銲接結合在一起。該機器還包含 3 軸的銑削裝置可以將相同夾緊 (clamping) 位置內的輪廓製作出來。這個製程可以完全生產緻密鋁製部件。由於過程是冷加工的，即使重要的電子元件也可以放置在切削的口袋，並且隨後層層密封。較受喜愛的工件為整合體型傳感器適用於航空和深海應用。

結論就是，金屬材料的範圍更是廣泛，且其性能模擬用於傳統製造的材料，甚至比塑料更好。一篇討論積層製造生產金屬微型零件，包括牙科應用和使用 M3D 製程 (Optomec) 各種金屬成型的調查結果發表在 Geb09。

5.1.2.3　陶瓷

至今使用陶瓷材料的積層製造技術仍然受限於層製造技術的專門利基產品。雖然積層製造的五大家族都至少有一個製程可以利用，但是陶瓷的應用並不多見。

雷射燒結是最受喜愛的製程，法國製造商 PHENIX Systems 開發這個技術的高溫機。3D 列印也是可以使用良好，開啓了各種粉末 - 黏著劑的組合，甚至是具有專利的配方。這樣做，需要接受兩步驟的製程，並且在內部進行材料的驗證。

3D Systems/Optoform 推出了一種雷射立體光刻製程以陶瓷填充樹酯被稱爲「陶膏聚合」的材料；然而，它還沒有商業化。薄板疊層製造基本上是適用於陶瓷箔。該製程類似於傳統式帶狀鑄造，且是一個兩步驟的製程須額外的燒結。

陶瓷的材料，如氧化鋁，Al_2O_3；二氧化矽或矽砂，SiO_2；氧化鋯或鋯砂，ZrO_2；碳化矽，SiC；氮化矽，Si_3N_4 等。

產品是單片陶瓷，主要是流通通道和高溫負荷結構，例如熱交換器。定義大孔隙度，能夠支持嵌入的植入物是可吸收生物陶瓷獨特的賣點。微孔隙方便了生產的微型反應器。詳細的說明可以在 Geb06 中找到。

5.1.2.4　複合材料 (Composites)

輕質加強結構加入的複合材料在積層製造領域是幾乎沒人知道。它們由一個以上的材料組成，因此也可以視爲分級材料 (見第 5.1.3 節)。複合材料通常用於均勻結構的輕重量產品，並且是等向性的或至少在負載下定義的角度是等向性的，因此它們在此提及。

在一般情況下，薄板疊層製造能夠製造複合物件具有結合纖維或織物，如果這些強化物料可作爲預浸料胚或成爲半成品材料以便整合入製程中。一種特別適用於從陶瓷纖維 (碳化矽) 製造加強彎曲物件，爲了避免了切斷纖維造成彎曲部分脆化的製程，它的來源 / Klo99/，參見圖 5.5。因此要強化處理，可以不同的角度的分層角度，以便使結構符合預期的負載。此外，該部件可以具有 (稍微) 曲面，以創建結構元件，並避免階梯平行於負荷區域的面積。

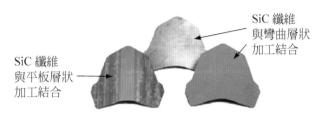

圖 5.5　薄板壓製成型法 - 彎曲物件整合了 SiC 纖維

5.1.3　分級材料與複合材料 (Composite Materials)

等向性材料行為似乎是工程設計假設的基礎。這可能是事實，因為當今的大多數產品都遵循這個規則，並且因而相應優化了工程設計和生產。但是，積層製造技術可以從具有不均勻性質的材料製造產品，這些材料可以局部地適應在使用中遇到的負載。這些材料的零件無法透過傳統製造方法來製造，但它們可以透過積層製造技術來生產，因為材料特性也不會因為原料單獨決定，而由局部熔艙位置，即整個製程方法而確定。因此，積層製造允許局部的影響，甚至組成為了某些應用所需要材料。

舉一個例子，參數 "顏色"，這也定義了材料的特性，可以在 3D 列印 (粉末 - 黏著劑製程) 過程中調整，這可獲得連續彩色的零件。在未來，同樣的過程可以用於調整彈性或其它性質。

聚合物噴印過程 (Objet 公司) 所用相同的建構處理不同的材料，它們各自的比例，甚至可以在此過程中發生變化。雙成份物件，例如硬 - 軟組合物件，可以製成以模擬雙成份塑膠射出成型之工件組合而成。

這些例子是生產各種異向性產品的開端，這標誌著積層製造零件有著它獨特的賣點。這些第一步驟證明了一般原理，及未來會集中精力發展，且不僅只有工業產品，且有食品，也有醫療結構產品，藥品和人造器官。雖是仍處於研究和開發階段，已經有案例可以看到。

原則上，所有製程饋送入來自小型存儲單元材料，如容器或纏繞的絲線，即能夠簡單地透過疊加沉積裝置在多種材料模式下進行離線操作。PolyJet 以及三維噴印過程已經開始使用這種個技術，沒有任何理由，為什麼 FDM 不應夠在多材料模式下來運行。

但是，分級和複合材料不只是積層製造的挑戰。爲了從新興的機會中受益，工程設計人員必須意識到這一點。施工規則需要擴展，以計算異向性材料的任意材料參數。

■ 5.2 積層製造的工程設計規範 (Engineering Design Rules)

要利用積層製造可能帶來的好處，必須遵守某些設計規則。它們主要是從積層製造的實際應用和僅少量的方法設計研究的結果獲得的。因此是相當新的，還沒有提供完備的設計指南，例如用於鑄造或銑削。但對於初學者而言，這些規則已經可以提供給使用者。

5.2.1 公差 (Tolerances)- 數位檔案到實體物件

工程設計人員必須牢記，積層製造是根據 3D CAD 圖形建構的，並且刀具路徑由零件輪廓去定義的。爲了實現這個過程中，刀具路徑是半個刀具寬度，這是基於雷射基的製程的光束直徑，以使設計的外輪廓相同與製造的部件相同。對於基於雷射的製程，這就是所謂的波束寬度補償[1]。

由於這個原因，物件的設計必須在公差區的中間，以便在整個零件放置在一個對稱公差區域。例如，孔直徑 20 毫米，如果設計的 0.30 mm 的公差需要被設計成直徑 "$\phi 20 \pm 0.15$ mm"，如果設計爲例如 "$\phi 20$ +0.20/–0.10 mm"，這將是所有從設計者的觀點，外輪廓將錯誤地建造。爲了解決這個問題，最近創建了 "數位 - 至 - 物體"[2]。

5.2.2 設計自由度 (Design Freedom)

積層製造的自由作出任何可以想像的形狀，這是一個巨大的優勢，也開關了一些機會。最重要的是與射出成型的設計限制方面和壓鑄討論。對於其他應用之規則，可以簡單地從此得知。

---

[1] 這是另一個原因，爲什麼每個體素都必須用表示內表面和外表面的法向量標記。
[2] 不要與 "物件 - 導向設計" 混淆，它是一個系統設計的軟體策略。

透過積層製造製程中，物件可以設計成一體而沒有任何模具接頭，這意味著沒有必要定義一個分割線。模具之倒角或死角 (Undercuts) 可以實現，並且不會增加製造成本。可以設計小的間隙和溝槽以避免增加放電加工 (EDM[3]) 加工的成本。不需要拔模角度且不需要流場模擬分別優化的射出模製造過程和零件幾何形狀。冷卻通道不再是製造的問題。

雖然它聲稱，壁厚的變化對積層製造沒有問題。用戶應牢記，所有積層製造的製程都是基於對於相位變化 (phase changes) 的，因此，一般應避免體積的累積。

5.2.3　相對配合 (Relative Fit)

積層製造常常要求可能至少包含兩零件的相對位置的一個零件的確切絕對尺寸。在這種情況下，一個適當的相對配合是足夠的。為了確保這一點，在零件建構槽中面到面的定位，並且盡可能靠在一起，這意味著距離 0.10 至 0.20 毫米的間隙。這樣可以確保了相鄰零件的配合，無論是否它們表現出完美的輪廓，或不論多麼複雜的邊界輪廓。甚至扭曲所造成的結果都不影響這一點。

這個討論涉及基本的"備用零件"的問題。是所有工具結合的製造方法，這意味著，幾乎所有當今的製造技術，基本上有可互換零件且大量生產的條件。由於積層製造的競爭在這世界裡是既定的事實，積層製造零件可以互換，如果有需要。但基本上積層製造材料是一次性的，這是在第 4 章中提到的工業革命的另一個要素。

5.2.4　彎曲 (Flexures)、鉸鏈 (Hinges) 與彈簧卡扣 (Snap-Fits)

塑膠零件的最重要的設計元件是彈簧卡扣、薄膜接頭 (film joints)(或薄膜鉸鏈) 及彎曲物件，這些元件對於積層製造物件提供了整合幾何外形功能之基礎，因而避免了產品有多個零件，許多模具，零件裝配工作，並需要調校功能。塑料積層製造允許直接在一個過程中製造這些元件，同時提供相同的功能。在這裡，它們也被稱為"非裝配機構" / Mav01/。聚合和雷射燒結是較受喜好的方法；然而，擠出也是適用的。3D 印刷 (粉末 - 黏著劑) 和層壓製程不適合用於生產這樣的元件。

---

[3] 放電加工 (Electrical Discharge Machining, EDM)

彈簧卡扣應遵循塑料射出成型件相同的設計規則。它們在操作時不可以施加負載，以避免潛變 (Creep) 發生。壁厚也不可以小於 0.5 毫米，自由移動的空間應盡可能大，以便不會使該零件過度負荷。薄膜鉸鏈應該具有 0.5 毫米的壁厚。可以根據經驗而變化這些一般的建議值。

對於雷射基的製程，鉸鏈可以被視為類似於孔，但由於孔通常較大，約為直徑 1 至 10 毫米，結果顯示不同的值。鉸鏈的兩側可以建構於裝配位置在同一個製程中，如此即可避免了組裝和校準的程序。即使最上層也可以放置一個大型接頭，聚合物和塑料的雷射燒結是最受喜愛的製程方法。為了保證可動性，必須留下足夠的空間在相鄰牆壁之間。許多來源宣稱只要添加一層或兩層未燒結層 (或不曝露於雷射光) 再清洗後即足夠產生空隙，即可得到的功能性鉸鏈。在實務中應至少留兩倍量以上才能達成。

鉸鏈的各零件之間的間隙尺寸取決於它的方向。如果它坐落在 x / y 面積區域，間隙 0.3 至 0.5mm 是經過驗證的數據，請參見圖 5.6a 之 "A" 圖。而在 z 面積區域，則建議間隙 0.5 至 0.6mm，參照圖 5.6b 的 "B" 圖 / Pfe11/。這建議與一個很舊但很好的研究報告一致，即關於 "非組裝機構" 建議如果該相鄰的表面是平面的，其設計的間隙 (clearance) 為 0.3mm，如果該相鄰的表面是球形的，其設計的間隙則為 0.5 mm/ Mav01/。

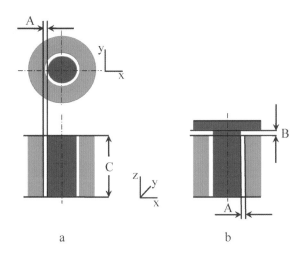

a   b

圖 5.6   鉸孔和雷射流程對於雷射的過程

此外，鉸鏈的絕對尺寸和位置必須考慮到，這意味著分別考慮前述銷和筒的直徑，鉸鏈的總長度，參見圖 5.6a "C" 所示，和壁厚度或部件的體積等等。較大的體積儲存的熱量和支持性微粒子的附著，故需要較大空隙。如果整個鉸鏈傾斜，也會出現相同的效果。

　　彎曲的鉸鏈 (通常稱為彎曲彈簧) 是實體鉸鏈使用在微機械進行超高精度定位系統。它們被用來避免公差，背隙，和遲滯 (hysteresis) 的問題。在積層製造中，撓曲件被用作設計元件。用於塑料製程而言，薄膜鉸鏈可視為撓曲彈簧。

　　精密鏡面固定夾具和定位系統 (第 4 章) 是一個很好的例子，在延長彎曲的設計，這些不得不利用積層製造。

5.2.5　定位 (Orientation) 與夾緊

　　積層製造的製程中不需要夾具，工件的 "夾緊" 方式是由與工件同時建構的支撐材料或是用建構中粉末將工件埋入粉末固定。由於這一點，與大部分的傳統加工不同，因此我們可以用任何想像到的角度來建造工件，這可以用於減少某些重要區域之階梯效應的發生。

　　如前面所述，積層製造製程可以處理所有的三維數據，特別是以 STL 檔案格式所提供者。基本上可以將工件放置在建構平台上任意位置。在實際應用上，工件的方向由層的方向確定，層應該與構建區域平行。具功能性的表面應朝上放置，一般來說，相對品質不需要高的面則朝下與支撐相連，即使在不需要支撐的聚合物 PolyJet 噴印製程中也是如此。

　　如第 2 章所述，階梯效應 (stair stepping) 是積層製造製程的一個特徵，根據 /Pfe11/ 這個規則，如果 z 方向的區域以及 x-y 方向的生成區域之間傾斜超過 20° 的角度，階梯效應將可以被縮小，由圖 5.7 可以知道傾斜的壁上看不出層狀的特徵。如果層狀圖案出現在垂直的牆壁上，這不是由階梯的步進引起的，而是層的不適當的接合。

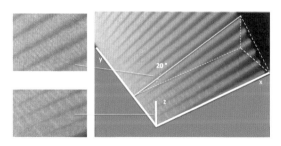

圖 5.7　階梯效應與工件與 x-y 建構區域的傾斜角度有關

　　因此，平行於構建平面的並不完全平行，但偏離幾度的區域顯示出若干並非來自數位檔案的階梯，也不是建構發生了錯誤。圖 5.8 顯示及討論的牙橋的向下區域，和圖 1.11 所示的假顏色照片。由於機器坐標與數據組之間的小幅錯位，建立並正確的測量了大約一層厚度 (20 至 25μm) 的一個 (假性) 階梯。

圖 5.8　一層層厚之階梯為機器和數據檔未對準所產生

5.2.6　鑽孔 (Bores)、間隙 (Gaps)、銷 (Pins) 與壁 (Walls)

　　鑽孔和其他的特徵，如間隙和成型溝槽容易造成一些問題。首先由於階梯效應要完成一個完整的孔洞需要選擇適當的建構方向。根據經驗法則，對於聚醯胺雷射燒結，如果層厚小於 0.3mm 時，孔洞的直徑不能小於 0.5mm(但不是非常好的品質)，當層厚大於 0.6mm 時，最小可識別的孔洞直徑則擴大到 0.7mm [11]。

　　藉由電腦期刊 CT [12] 所設計的立方體，在不同工作場所製造即可以了解積層製造製程這項 (互聯網路) 服務的能力和其建立極限 (如圖 5.9 所示)。

A	B	C	D	E
擠壓	聚合物	電射燒結	聚合物	電射燒結
ABS	樹酯	聚醯胺	樹酯	聚醯胺

圖 5.9　幾何立方體測試在各種積層製造機器能力和製程極限 [11]

　　這些立方體的外壁厚度是 2 mm，底部面積 3 cm²，而且擁有一樣的高度，在基座上分別有 5、2、1、0.5、0.2mm 的壁厚與直徑的獨立牆壁和銷針。上蓋有間隙與孔洞可以顛倒過來放在底座上。如果物品正確的製作出來，則會有 0.1mm 的間隙，這些物件會由互聯網路上三個不同的公司製造。積層製造製程和機器沒有詳細的描述，因為用戶只對結果感興趣 (見第 1 章)。他們由網路上的精度資訊來訂製工件，例如 "標準" 或 "精緻" 及口語上材料的描述，並不是選擇積層製造的製程或使用的機器。由圖 5.9 中所顯示的不同機器製造的 5 個工件，圖 (A) 由 ABS 擠壓製成、(B)(D)由聚合環氧樹酯、(C)(E) 由聚醯胺雷射燒結製成。圖 5.9 在此強調的是工件的品質除了製程外，材料的選擇以及整個製程鏈上不同影響因素之總合都會對它有所影響。

　　依據目前的製程經驗結果顯示：尺度 0.2mm 以下的孔洞直徑與壁厚幾乎無法製作；對尺度 0.5mm 的孔徑或壁厚須經過預先校正的步驟才能獲得較可靠的結果。有趣的結果是小銷針的直徑會變大，在聚合的方法以及燒結的過程裡都有效，即使是 ABS 擠出都會導致類似結果 (圖 5.9，A)。

　　所有的積層製造製程在清潔小孔洞上都有會遇上問題。使用燒結的技術容易在孔或間隙 (圖 5.9，C 和 E) 中留下有部分的粉末融化的顆粒，可以使用噴砂的方式去清出，但是還是可能會無法完全清除。聚合物製程由於液體材料，往往可以提供更好的品質；然而，有時熔體固化會在清潔過程阻塞構槽 (圖 5.9，B 和 D)。

　　當積層製造之孔洞階梯效應在壁面形成是因為局部減少了材料；若加以研磨更明顯，且直徑在建成後的短時間內增大。若需要達到相當的精確時就必須考慮製造後孔洞直徑的變形。

　　有時候，最好在積層製造的過程中先標註鑽孔，在製程結束後之精加工再使用傳統的方式進行鑽孔－就像在鑄造領域中是一種舊的習慣。而且，在同一製程中燒結的鑽孔規具，這也可能是一個很有效的解決方案。關於孔的所有論述基本上也適用於溝槽。

　　自由牆壁可以比針銷更好的製造再現性。如果製程校準得宜，並且它們要適當的後加工，就可以製成厚度為 0.5mm 的牆，甚至 0.2mm 的針銷。

所有這些數據都經過校準和專業的機器處理。雷射光固化機台如果雷射掃描在建構平台的中心可以儘量減少掃描所產生的問題，可以製造擁有出 0.05mm 渠道的工件，但是機台能作出這個數據都必須要用專業的儀器做校正。圖 5.10 為一個例子，可製造精確微型流體裝置圖。

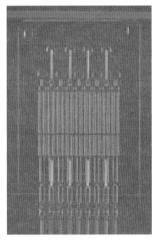

圖 5.10　兩件式連接器，雷射立體光刻製程 (來源：3D Systems)

5.3　積層製造特性、選擇與建構管理 (Build Management)

選擇一個適合的積層製造製程取決於工件應用的層級 (第 1 章)，其不同將視其製作的工件是一個原型或是要直接被應用的產品。

若開選擇要獲得一個原型，如實體的圖像或是具功能性的原型物件後，選擇開始於 "結束"。首先需要選擇最能顯現出此原型或是這一系列物件的材料；第二，找一個可以應用所選擇的材料的積層製造製程；最後，要確定選擇材料與製程相符的機器。再藉由傳輸物件的 3D 數據資料後，即可以製作我們想要的原型物件。取決於所選擇的材料和製程，獲得實體圖像 (例如使用 3D 印刷製程) 或功能原型 (例如使用聚醯胺的雷射燒結)。

如果選擇是需要一個產品，除仍要重新選擇材料外，我們也還須要考慮產品的工程設計，必須基於這個特定的積層製造材料的性質以及考慮積層製造的設計規則。其他參數也是需要在建構時引入，例如建構方向。使用的參數設定必須在積層製造的製程中和設計過程中完全相同。

　　積層製造機器的操作員只負責使機器正常功能及專業化的運作 (參見第 3.1 節)。要達到可以重複的製作方式，甚至在不同的機台上製作物件，操作員必須擁有一種由累積經驗可以管理系統的能力。但是在更多的材料以及更多的不同的機台下，依靠操作員的經驗來維持品質，這種 "僅能滿足眼前的基本需要" 的管理方式，將不再是長遠的辦法。

　　EOS 公司開發並且發佈了零件管理系統可在線上提供他們的客戶支援最好的方法 [11, 12]。網上可取得適用於聚醯胺燒結以及第一次金屬燒結的方法。

　　最重要的元素是產品特性資料，一份資料庫不僅與材料特性也和品質管理都有密切的關係。根據使用者挑選的五級材料的層厚 (60μm 至 180μm) 以及材料種類來決定品質。更細微的設定也是根據以上選擇決定。透過這些可靠的資訊可以設計雷射燒結下產生工件尺度，這些數據庫包括拉伸強度、斷裂伸長率和彈性模數，這些數據也在 x-y 平面或 z 軸方向分別有不同特性，從而考慮到各向異性的影響。

　　該系統包含 5.2 節所討論的設計以及製造的規則和參數，此外，它還包含標籤提示、正確的清潔設計、經濟優化，例如交錯或嵌套工件。此平台上包含許多不同版本的數據，存儲不同的版本以便能夠從以前的版本中識別和調用數據。並提供特殊軟件允許客戶新增、儲存專有的數據。以此來制定和存儲每個構建的協定，以管理每個製作過程，作為品質管理的鏈接，這種配套平台即將會變成一種標準。

■ 5.4　結論

　　積層製造是一種製造技術，與其他製造技術相同，依賴選擇正確的材料、製程及工程設計。因此，必須考慮特徵設計規則。在第 2 章提及的五種積層製造技術家族都有不同的優缺點。所有面向都相互關聯，需要同時考慮。隨著越來越多樣的設備與材料，管理者已經不能夠在憑藉著經驗去製作。隨著額外的品質需求要求檔案化、需要連結資料庫以及管理系統以提升品質。

■ 5.5 問題

1. 為什麼在積層製造中非等向性是重要的問題？

   答：工件逐層疊加的製造會導致層與層之間黏合的問題，這些不同材料的層和層與層結黏合的方式都與非等向性有相關。

2. 哪種塑料積層製造製程顯示非等向性影響以及其程度如何？

   答：塑料積層製造從準等向性至非等向性依順序是：聚合物、雷射燒結、材料擠壓、3D 列印和層狀加壓製造。

3. 為何就等向性的方面，金屬雷射燒結會比塑料雷射燒結好？

   答：因爲材料完全熔融，因此才有選擇性雷射熔化之方法。完全熔化之材料將會有較小的非等向性。

4. 什麼是合格的內部材料之利弊？

   答：利：衆所皆知的材料、特有配方、已建立檔案資料及價格低。

   　　弊：價格較高、依賴供應商、缺乏專有技術祕密。

5. 塑料雷射燒結與塗佈燒結兩者間粉末與過程有何不同？

   答：兩者粉末在添加劑和製程加工細節不同，如保護氣體和預熱抑制局部蒸發，氧化，其他工序間的影響和與環境的相互作用等。

6. 常見的聚醯胺燒結的粒徑大小爲多少？

   答：20 μm to 50 μm

7. 哪些塑料可以被用在積層製造技術中？並畫出此塑料金字塔。

   答：參見圖 5.2 所示。

8. 如何直接在一次性建構製造鉸鍊？有哪些參數（間隙）需要注意？

   答：薄膜鉸鍊中未燒結的層厚控制在 0.3 μm 到 0.8 μm 以供後續清除間隙。

9. 爲何在積層製造中沒有夾具問題？如何固定物件？

   答：因爲物件被粉末支撐或是其他支撐材料結構。

10. "相對配合"有什麼意義？爲什麼只與積層製造有關？

    答：工件相對配合，是指雖然其幾何形狀並非正確，因爲其面對面擺放的非常靠近而在同一次建構中完成。

名詞解釋：
術語 / 專有名詞與縮寫

　　下列清單中的專有名詞不只本書中提到的，還包含在相關文獻之中，且往往沒有解釋得很清楚，清單中另外還包括具有相同縮寫但是完全不同意義且會造成混淆的專有名詞，這清單同時也是在 2 ～ 4 字母組成的縮寫字迷宮中的導航指南，但是不包含公司的縮寫名稱。

縮寫	專有名詞 / 術語	說明
3DP	Three Dimensional Printing	積層製造製程，每一層都是在粉末床上選擇噴印膠黏劑進行滲透膠黏，商標由麻省理工學院註冊 (MIT) 並授權給幾家公司使用
3DP, 3D-P	Three Dimensional Printing 3D Printing	相當於積層製造，是通用性名詞，在層加工製程上經常使用到，無特定規範
ACES	Accurate Clear Epoxy Solids	立體光固化成型方法 (3D systems)
AF	Additive Fabrication	以增加材料體積 (體素) 進行製造
AF	Anatomic Facsimile	手術規劃用等比例剖面模型
AFM	Anatomic Facsimile Models	手術規劃用等比例剖面模型
AIM	ACES Injection Molding	使用 ACES(3D systems) 製作的塑料射出成型模具
	Anaplastologist	製作逼真人體假肢的矯形專家，通常患者會在臉或身體上充滿因為癌症治療或其他形式的非治療性創傷的深層間隙或傷口。(www.medilexicon.com)
AM	Additive Manufacturing	通用名詞，透過增加材料體積單元 (體素) 或薄層進行製造，為所有層加工製造製程的標準化專有名詞。
AM	Agile Manufacturing	3D Systems 用來稱呼積層製造的專有術語，以彰顯其靈活性，現在已很少使用
BASS	Break Away Support System	FDM 物件的後處理，手工剝除支撐材料與結構 (Dimension/Stratasys)
BIS	Beam Interference Solidification	積層製造製程，以兩束雷射光聚合的交點進行固化。

縮寫	專有名詞 / 術語	說明
BPM	Ballistic Particle Manufacturing	積層製造製程，以任何角度引導添加體素的方使進行製造，使真正的三維製程，坱今已無商業化應用
	Bridge Tooling	是一種較為便義且快速的模具製程，用來連接軟模具與量產模具的落差，通常用於小型量產
	Build	積層製造機械製作積層製造物件的整個製程
CAD	Computer Aided Design	電腦輔助 (工程) 設計
CAE	Computer Aided Engineering	電腦輔助 (幾何) 建構
CAL	Computer Aided Logistic	電腦輔助管理
CAM	Computer Aided Manufacturing	電腦輔助製造
CAMOD	Computer Sided Modeling Devices	電腦輔助軟、硬體用於製造實物模型
CAP	Computer Aided Production	電腦輔助生產
CAQ	Computer Aided Quality Assurance	電腦輔助品質檢驗
CAS	Chemical Abstract Service	電腦輔助依照化學品特性命名與建構
CAS	Computer Aided Styling	電腦輔助造型設計
CAT	Computer Aided Testing	電腦輔助測量與測試
CAx	Computer Aided … Computer Assisted … Computer supported …	電腦副助程序的一般簡稱
	AutoFabs	自動化制作者 (們) 相當於加工廠 (複數)
CD	Concurrent Design	並行化構思與設計流程 相當於同步工程
CEM	Contract Electronics Manufacturing	服務性電子製造
CIM	Computer Integrated Manufacturing	基於電腦 CAD-CAM 流程的製造，等同於 ICAM
CMB	Controlled Metal Build Up	積層製造製程，雷射生成之後銑削金屬零件輪廓 (FhG-IPT)
CMC	Computer Mediated Communication	電腦輔助通訊
CP	Centrum für Prototypenbau GmbH	快速原型服務機構，設在德國 Erkelenz/Düsseldorf
CPDM	CIMATRON Product Data Management	CIMATRON 的 PDM 系統

縮寫	專有名詞 / 術語	說明
CS ...	Computer Supported …	電腦副助程序的一般簡稱
CSCW	Computer Supported Cooperative Work	電腦輔助開發與通訊
CSG	Constructive Solid Geometry	基於使用布爾操作的幾何圖原的複雜固體的表徵與規格
CT	Computerized (or computed) tomography	電腦斷層掃描；使用在醫藥與工業生產中，基於 X 射線層檢測系統之非破壞性檢測
DCM	Direct Composite Manufacturing	積層製造製程，複合材料零件的直接製造，Optoform 在它 M3D 製程中優選使用
DICOM	Digital Imaging and Communications in Medicine	可連接大部分醫學成像系統輸入至輸出的一種標準通訊格式，包括積層製造
DMLS	Direct Metal Laser Sintering	積層製造製程，EOS 公司發展的一種直接金屬燒結方法
DMU	Digital Mock Up	數位或虛擬成像，或是動畫，通常用於虛擬實境
D_P	Cure Depth	光聚合，固化射線在具合物體系的可固化樹酯中的穿透深度，主要用在立體光固化成型，也稱作光學穿透深度
DSPC	Direct Shell Production Casting	是一種積層製造，製作陶瓷鑄造用模具的專有 (Soligen) 軟硬體程序
DTM	Desktop Manufacturing	積層製造同義詞，強調可在桌子上以積層製造進行工件製作的能力
DXF	Drawing Exchange Format	一種檔案格式，相容於 CAD- drawings
E_C	Critical Energy	光聚合，可使光固化樹酯產生光固化反應的能量的閾值
EDM	Electronic Data Management Engineering Data Management	可同時接受許多客戶訪問與管理大量數據的一種軟體系統
EDM	Electric Discharge Machining	以放電方式熔融並移除局部材料為加工方式的機具，又稱作放電加工，電火花加工或電火花侵蝕
EDM	Electronic Document Management	文件的電子申請與管理
ERM	Enterprise Resource Management	用於規劃與管理物流供應鏈的系統與軟體
ERP	Enterprise Resource Planning	用於規劃與管理物流供應鏈的系統與軟體
	Fabber	加工機的概稱
	Fabricator	自動積層製造工件的機械

縮寫	專有名詞 / 術語	說明
FDM	Fused Deposition Modeling	積層製造製程，FLM 製程的一種，Stratasys 公司
FFF	Fast Freeform Fabrication	積層製造同義詞，強調積層製造可快速製作複雜物件的能力
FLM	Fused Layer Modeling	積層製造製程，通用術語，以擠出增塑的熱塑性材料和以熱傳導固化方式製造工件
FM	Facsimile Models	現有幾何物件的等比例模型，主要以逆向掃描獲得，沒有設計上的改變
FRP	Foam Reaction Prototyping	積層製造製程，以擠出層狀反應泡沫方式製作工件，Herback (2004 RTE 期刊)
GIS	Geographic Information System	用於捕捉、儲存或操作電腦中地理資料的系統 (www.gis.com)
GMEAM	Gradient-Modulus Energy Absorbing Material	提高耐衝擊性的專有層構造材料。Solidica。超音波固化積層製造製程
	Graded materials	可顯示其特性依定義變化的一種材料 (因此：Graded= 梯度模數)，以獲得零件的負荷適應性能
	Grower	同義於積層製造，強調積層製造生成物件的能力。Solidscape。相容於 T66 機台。
GP	Green Part	生胚件，指積層製造過程中產生之胚件需要後處理以增加其聚合成熟度或強度者。
HIS	Holographic Interference Solidification	積層製造製程，基於全息圖像，以球狀層的聚合製造物件
HPGL	Hewlett Packard Graphic Language	資料交換格式，主要用在繪圖儀
HSC	High Speed Cutting	主要用在高速銑削機床
HSPC	High Speed Precision Cutting	HSC 的自有變化。Kern Microtechnik
	Indirect Rapid Prototyping Process	為了增加工件的產量與品質，基於積層製造製作的工件作為主模的非積層製造製程，又稱作「二次快速原型製程」
ICAM	Integrated Computer Sided Manufacturing	同義於 CIM
IGES	Initial Graphics Exchange Specification	資料交換格式，主要用在 3D CAD 資料
LCVD	Lase Chemical Vapor Deposition	積層製造製程，化學性三維金屬氣相沉積

縮寫	專有名詞 / 術語	說明
LENS	Lase Engineered Net Shaping	積層製造製程，以雷射輔助分層金屬的包層製作工件。OPTOMEC
LLM	Layer Laminate Manufacturing	積層製造製程，通用術語，以黏結紙、塑膠、金屬或陶瓷製成的薄板材料製作工件，以雷射、刀具或洗削切割輪廓
LM	Laminate Manufacturing	同義於積層製造，強調以層為本的原則，主要用於 LLM 製程
LMPM	Low Melting Point Metal	用於二次積層製造製程的，具精準定義低熔點的金屬。
LMS	Laser Modell System (ger.)	積層製造製程，立體光固化的一種，F&S Fockele & Schwarze 公司，現今已不再使用
LMT	Layer Manufacturing Technologies Layer Manufacturing Techniques	等同於 AM，通用名詞
LOM	Laminated Object Manufacturing	LLM 製程，紙為材料，立方切割技術 (ex. Helisys)
LS	Laser-Sintering	積層製造製程，通用名詞，以局部熔化粉末的方式製作，材料有塑膠、金屬或陶瓷，以雷射、射線或電子束熔融，凝固速度取決於熱傳導率
LSM	Laser Surface Melting	積層製造製程，金屬雷射燒結的一種，F&S Fockele & Schwarze 公司，現今已不再使用
M3D, M³D	Maskless Mesoscale Material Deposition	Optomec 的氣霧噴印列印系統
MEMS	Micro Electromechanical Systems	集成機械與電子的微觀和中尺度元素
	META design	一種涵蓋幾乎無窮變化與衍生的產品設計，通常客戶可透過滑動或鼠標功能進行操作
MIM	Metal Injection Molding	金屬射出成型製程
MIM/ MAM/ MDM/	Material Increase Manufacturing Material Addition Manufacturing Material Deposition Manufacturing	等同於 AM，強調以增加材料方式增加物件體積的製造方法
MJM	Mult-Jet Modeling	一種積層製造製程，FLM 製程結合聚合物的一種變化製成，舊有名詞，3D Systems 公司
MJS	Multiphase Jet Solidification	積層製造製程，FLM製程的一種，ITP公司(已休業)
	Model	模型是積層製造實體成型工件，通常用作樣品或原型，在剛開始，當只有原型可製作出來時，模型、工件或原型等術語是相同的
	Modding	最終用戶的個性化產品

縮寫	專有名詞 / 術語	說明
Mock-Up Mockup		未來產品的等比例非功能性模型，這術語來自於航空業用來呈現新飛機，此術語不完全關連於積層製造
MRT	Magnetic Resonance Tomopraphie	三維醫學成像程序，檢視軟組織
OEM	Original Equipment Manufacturer	這邊指的是基層製造機台和設備的製造者
	Part	積層製造製作的實體物件，這是一總稱術語，函蓋所有特定名詞，包含：原型、樣品、模型或積層製造產品
	Pimp	最終用戶的個性化產品，等義於 modding
PDM	Product Data Management Produktdaten-Management	可同時接受許多客戶訪問與管理大量數據的一種軟體系統
PET	Position Emission Tomography	核磁共振三維醫學成像程序，用來檢視人體的功能流程
	Powder cake	製作完成後的壓實燒結與未燒結粉末的總量，既使不是熱壓實方式，有時用在三維列印粉末與工件之中也稱作 Powder cake
PPS	Production Planning System	用在產品規劃、管理與控制的一種軟體
	Prototype	為了可進行早期產品評估而製作的可顯示未來產品選擇的性能的部件
	Prototype Tooling	以積層製造原型製作的模具，可用於最終產品的小量生產
	Prototyper	自動化機層製造零件的機械，主要用在製作原型、樣品與實物模型
	Rapid Mockup Machine	自動化機層製造零件的機械，主要用在製作實物模型。Kira. 適用於 Katana 紙薄層機械
RIM	Reaction Injection Molding	基於增塑金屬塑膠原料的一種射出成型製程，通過化學反應進行固化
RM	Rapid Manufacturing	以積層製造製作最終可用部件的一種應用
RM	Rapid Modeling	以積層製造製作原型、樣品或實物模型的一種應用，很少用到的名詞
RP	Rapid Prototyping	以積層製造製作原型、樣品或實物模型的一種應用
RP	Reinforced Plastics	以纖維增加塑膠材料強度
RP&M	Rapid Prototyping & Manufacturing	所有積層製造製程應用的集成術語
RPD	Rapid Product Development	所有加速產品開發的製程的集成術語

縮寫	專有名詞 / 術語	說明
RPro	Rapid Production	所有加速產品量產的製程的集成術語
RPT	Rapid Prototyping Techniques/Technologies	製程驗正，快速原型
RT	Rapid Tooling	積層製造製作模具、模具插塊之應用
SAHP	Selective Adhesive and Hot Press Process	積層製造製程，LLM 的一種
	Sample	與量產產品相同的部件，但是是以預量產或預量產模具製作而成
SDU	Sell Design Unit	陶瓷鑄造形狀的軟、硬體設計流程。Soligen
SE	Simultaneous Engineering	以有條理的方法同時進行概念與設計流程，等同於同步工程，CD
	Secondary Rapid Prototyping Processes	間接快速原型製程
SET	Standard d'échange et de Transfer	資料交換格式，主要用在 3D CAD 資料
SFF	Solid Freeform Fabrication	等義於積層製造，強調積層製造製作複雜幾何形狀的能力，SFF
SFM	Solid Freeform Manufacturing	等義於積層製造，強調積層製造製作複雜幾何形狀的能力，SFF
SFP	Solid Foil Polymerization	積層製造製程，FLM 使用塑料薄片並以聚合方式連結它們
SGC	Solid Ground Curing	在聚合過程中輔助以研磨，Cubital 公司 (已休業)
SL	Stereolithography	積層製造製程，以 UV 光 (光固化) 照射進行局部固化，來源為雷射或燈
SLA	Stereolithography Apparatus	立體光固化機台專業術語，3D Systems 公司
SLPR	Selective Laser Powder Remelting	積層製造製程，金屬部件雷射生成 (FhG-ILT)
SLS	Selective Laser Sintering Selektives Laser Sintern	積層製造製程，雷射燒結機台專業術語，3D Systems 公司
SOM	Stratified Object Manufacturing	基於軟體的系統用於複雜物件的底部切割準備，以銑削方式製造
SOUP	Solid Object Ultra-violet Laser Plotter	積層製造機台，透過聚合 (立體光固化成型) 製作部件。C-MET 公司
SPECT	Single Photon Emission Computed Tomography	三維醫學成像流程主要在於探討體內的功能流程

縮寫	專有名詞 / 術語	說明
SPF	Super Plast Forming	吹鍆元素，非積層製造製程
STAR-Weave	Staggered Alternated Retracted Hatch	立體光固化成型製作 (3D Systems)
STEP	Standard of Exchange of Product Model Data	資料交換格式，主要用於 3D CAD 資料
STL	Stereolithography Language	CAD 系統與積層製造機台間的數據交換格式，被創造為「標準轉換語言」，模糊的表示 3D-CAD 檔案與簡化識別的細節
TCT	Time Compressing Technologies	加速產品開發與生產製程的總稱名詞
THESA	Thermoelastische Spannungsanalyse (ger)	熱彈性張力分析，根據局部元件張力引起的熱效應量測進行實驗測試程序
TI	Tailored Implants	個別植入物，住要用於顱部顏面手術
TP	Thermal Polymerization	熱聚合
UV	Ultraviolet	介於 100nm～380nm 的波長
VDAFS	Verband der Automobilhersteller – Flachenschnittstelle (ger)	資料交換格式，主要用於自由曲面數據的 3D CAD 資料
VDAIS	Verband der Automobilhersteller – IGES-Schnittstelle (ger)	資料交換格式，主要用於 IGES 元素的 3D CAD 資料
	Virtual Product Model	包含所有數據 (不僅僅是幾何) 的一組完整資料以定義產品，是數位製造的前置準備
VR	Virtual Reality	即時虛擬三維模型的顯示與動畫

索引

參考文獻

1. Burns, M., Automated Fabrication, Prentice Hall, Englewood Cliffs, New Jersey, USA, 1993.

2. VDI 3404, Generative Fertigungsverfahren, Rapid-Technologien (Rapid Prototyping) Grundlagen, Begriffe, Qualitätskenngrößen. English Title: Additive fabrication - Rapid technologies (rapid prototyping) - Fundamentals, terms and definitions, quality parameters, supply agreements. Published: 2009-12 VDI Gesellschaft Produktionstechnik (ADB), Postfach 101139, D-40002 Düsseldorf / Germany, 2009 http://www.vdi.de/uploads/tx_vdirili/pdf/1392434.pdf

3. ASTM F2792-09e1, Standard Terminology for Additive Manufacturing Technologies, 2010 ANSI, American National Standards Institute, West 43 Street, New York, NY 10036.

4. Gebhardt, A. Generative Fertigungsverfahren. Rapid Prototyping – Rapid Tooling – Rapid Manufacturing. 3. Aufl., Carl Hanser Verlag, München/Wien, 2007; English Edition: Rapid Prototyping, Hanser-Gardner Publ., Cincinnati, 1st Ed., 2003.

5. Gebhardt, A., Weng, M., Attarzadeh, A., Bond, B., "Simulation of the Thermal Behavior of Conformal Cooled Laser Generated Tool-Inserts," 5th International Conference and Exhibition on Design and Production of Machines and Dies/Molds, June 18-21, 2009, Pine Bay, Kusadasi, Turkey.

6. Brücker, Ch., Schröder, W., "Flow visualization in a model of the bronchial tree in the human lung airways via 3-D PIV," Pacific Symposium Flow Visualization and Image Processing, June 3-5, 2003, Chamonix, France.

7. Lenz, J., Shellabear, M., "E-Manufacturing mit Laser-Sintern bis zur Serienfertigung und darüber hinaus, VDI Wissensforum: Rapid Manufacturing. 1.-2. März 2005, Aachen, Germany. English Equivalent: Shellabear, M., Lenz, J., Junior, V., "e-Manufacturing with Laser-Sintering – to Series Production and Beyond", LANE, Erlangen, September 2004.

8. Zäh, M. F., Economic Production using Rapid Technology, (Original in German, Wirtschaftliche Fertigung mit Rapid-Technologien, Carl Hanser Verlag, München/Wien, 2006).

9. Guidot, R., Industrial Design Techniques and Materials, Flammarion, Paris, 2006.

10. Klare, M., Altmann, R., Rapid Manufacturing in der Hörgeräteindustrie, in: RTejournal - Forum für Rapid Technologie, 2. Ausgabe, 2 (2005), Mai 2005, ISSN 1614-0923. URN urn:nbn:de:0009-2-1049. URL: http://www.rtejournal.de/aktuell/archiv/ausgabe2/104/

11. Pfefferkorn, F., EOS Polymer Laser-Sintern – Möglichkeiten und Einschränkungen bei der Bauteilauslegung (Chances and limits of part design (in German) Workshop, Laserbearbeitung von Kunststoffen, Bayerisches Laserzentrum, Erlangen, 5.-6.7.2011.

12. Mattes, Th., Pfefferkorn, F., Part Property Management (PPM): Standardization and Comparability of Building Processes and Their Results. URL: http://www.eos.info/en/products/solutions/part-property-management.html

13. Kruth, J.-P., Levy, G., Klocke, F., Childs, T.H.C., Consolidation Phenomena in Laser and Powder-Bed Based Layered Manufacturing, Annals of the CIRP 56/2/2007.

14. Mavroidis, C., DeLaurentis, K. J., Won J., Alam M., "Fabrication of Non-Assembly Mechanisms and Robotic Systems Using Rapid Prototyping," Transactions of the ASME, Journal of Mechanical Design, Vol.123, pp.516-524, December 2001.

15. Gebhardt, A., For the Third Industrial Revolution – Trend Report Rapid Technologies. Translated from Kunststoffe, pp.130–137, 10/2009. www.kunststoffe-international.com, Document Number: PE110227, Kunststoffe international 10/2009, Carl Hanser Verlag, Munich.

16. Gebhardt, A., Vision Rapid Prototyping Generative Manufacturing of Ceramic Parts - A Survey Proceedings of the German Ceramic Society (Deutsche Keramische Gesellschaft e.V,), DKG 83 No. 13, 2006.

17. Klosterman, D. A., Chartoff, R. P., Osborne, N. R., Graves, G.A., Lightman, A., Han G., Bezeredi, A., Rodrigues, S., Development of a Curved Layer LOM Process for Monolithic Ceramics and Ceramic Matrix Composites, Rapid Prototype Development Laboratory, University of Dayton, OH, USA. Journal of Rapid Prototyping, Vol. 5, No. 2, pp.61-71, 1999.

18. Lasersintern von Kupferpulver (Lasering of Copper Alloys), Photonik 2/2011 http://www.photonik.de/pl/5/0/1/3908/lasersintern-von-kupferpulver.html. Download English Information: http://www.ilt.fraunhofer.de/eng/101937.html

19. König, P., Barczok, A., Materializing Ideas. Web based job shops produce your parts (in German) Ideen materialisieren. Webdienste fertigen Objekte nach Ihren 3D-Entwürfen. c't magazin für computer technik, c't 2011 Heft 15 vom 4.7.2011. Seite 84-94. Heise Zeitschriften Verlag GmbH & Co. KG, Postfach 61 04 07, 30604 Hannover, Germany. www.heise.de Hannover 2011.

20. Harker, J., Josh Harker Website: http://www.joshharker.com/

21. Gebhardt, A., Schmidt, F.-M., Hötter, J.-St., Sokalla, W., Sokalla, P., "Additive Manufacturing by Selective Laser Melting, The Realizer Desktop Machine and Its Application for the Dental Industry," Invited Paper, 6th International Conference on Laser Assisted Net Shape Engineering. Elsevier's e-only journal Physics Procedia on Science Direct, Volume 5, Part 2, Sept. 21. – 24, pp.543-549, LANE 2010.

22. Castillo, L., Study about Rapid Manufacturing of Complex Parts of Stainless Steel and Titanium, IMME and TNO report 2005. http://www.rm-platform.com/index2.php?option=com_docman&task=doc_view&gid=24&Itemid=1

23671 新北市土城區忠義路21號
全華圖書股份有限公司

行銷企劃部　收

廣告回信
板橋郵局登記證
板橋廣字第540號

歡迎加入 全華會員

● 會員獨享

會員享購書折扣、紅利積點、生日禮金、不定期優惠活動…等。

● 如何加入會員

填妥讀者回函卡直接傳真 (02) 2262-0900 或寄回，將由專人協助登入會員資料，待收到 E-MAIL 通知後即可成為會員。

如何購買 全華書籍

1. 網路購書

全華網路書店「http://www.opentech.com.tw」，加入會員購書更便利，並享有紅利積點回饋等各式優惠。

2. 全華門市、全省書局

歡迎至全華門市（新北市土城區忠義路 21 號）或全省各大書局、連鎖書店選購。

3. 來電訂購

(1) 訂購專線：(02) 2262-5666 轉 321-324
(2) 傳真專線：(02) 6637-3696
(3) 郵局劃撥（帳號：0100836-1　戶名：全華圖書股份有限公司）
※ 購書未滿一千元者，酌收運費 70 元。

OpenTech 全華網路書店 **.com.tw**

全華網路書店 www.opentech.com.tw
E-mail: service@chwa.com.tw

※ 本會員制如有變更則以最新修訂制度為準，造成不便請見諒。

親愛的讀者：

感謝您對全華圖書的支持與愛護，雖然我們很慎重的處理每一本書，但恐仍有疏漏之處，若您發現本書有任何錯誤，請填寫於勘誤表內寄回，我們將於再版時修正，您的批評與指教是我們進步的原動力，謝謝！

全華圖書 敬上

勘 誤 表

書 號			書 名	作 者
頁 數	行 數	錯誤或不當之詞句		建議修改之詞句

我有話要說： （其它之批評與建議，如封面、編排、內容、印刷品質等・・・）